••• Títulos relacionados

ENAE0308 ORGANIZACIÓN Y PROYECTOS DE INSTALACIONES SOLARES TÉRMICAS

[DISPONIBLE CERTIFICADO COMPLETO]

Organización y control del mantenimiento de instalaciones solares térmicas

Jacinto Díaz Marcilla
Jesús Enrique Ruiz García

Autores: Jacinto Díaz Marcilla y Jesús Enrique Ruiz García
ISBN: 978-84-283-6637-3
Depósito legal: M-4168-2025
Impresión: Liberdigital (Casarrubuelos, Madrid)

Con la colaboración del COFIS

Impreso en España

A nuestras familias, por todo el afecto que nos demuestran,
y la enorme comprensión por el tiempo que no les dedicamos.

Jacinto Díaz Marcilla

Es licenciado en Física por la Universitat de València. Colegiado en el Colegio Oficial de Físicos. Ha desarrollado parte de su carrera profesional en empresas del sector de las energías renovables, y también ha impartido numerosos cursos para profesionales del sector y otros afines. Actualmente, se dedica a la enseñanza reglada como profesor de Secundaria y como divulgador científico del sector energías, tanto en el ámbito escolar como en general.

Jesús Enrique Ruiz García

Es licenciado en Ciencias Físicas por la Universidad de Sevilla. Ha desarrollado toda su carrera profesional en empresas del sector de las energías renovables y ha impartido numerosos cursos para profesionales del sector. Actualmente imparte formación profesional en la especialidad de Sistemas Electrónicos.

Indice

Introducción normativa

La Ley Orgánica 3/2022, de 31 de marzo, de ordenación e integración de la Formación Profesional, contiene una disposición derogatoria única que afecta a la regulación de los certificados de profesionalidad, ahora denominados **Certificados Profesionales.** La referida normativa deroga la Ley Orgánica 5/2002, de 19 de junio, de las Cualificaciones y de la Formación Profesional, y abre un escenario de cambios que se irán implementando progresivamente.

La Ley Orgánica 3/2022, de 31 de marzo, de ordenación e integración de la Formación Profesional implica que toda la formación es acumulable. La oferta formativa se estructura de forma escalonada, siendo los Certificados Profesionales un nivel intermedio (Grado C) de una escala que va desde el Grado A hasta el E.

En los artículos 35 a 38 de la Ley 3/2022 se describe en qué consisten estos Certificados Profesionales: su oferta, formación asociada, estructura, duración, acceso, titulación y validez. Posteriormente, esta normativa se completa con lo dispuesto en el Real Decreto 659/2023, de 18 de julio, que desarrolla la ordenación del sistema de Formación Profesional. Concretamente en los artículos 67 a 81 es donde se hace referencia a la oferta formativa de Grado C, correspondiente a los Certificados Profesionales.

Están agrupados en 26 familias profesionales con características comunes del sector. En la actualidad hay más de medio millar de Certificados Profesionales incluidos en el Repertorio Nacional. Esta cifra no deja de crecer. Además, cada certificado está específicamente regulado por un real decreto.

Un Certificado Profesional corresponde al Grado C de la oferta del Sistema de Formación Profesional. Es un documento oficial, con validez en todo el territorio nacional y debe constar en el Catálogo Nacional de Ofertas de Formación Profesional, que certifica la capacitación para el desarrollo de una actividad profesional.

Debe detallar los módulos profesionales superados y los estándares de competencia profesional asociados a él e incluidos en el **Catálogo Nacional de Estándares de Competencias Profesionales**, así como su correspondencia con el Marco Español de Cualificaciones.

Despliegan su validez en un doble ámbito, laboral y académico:

- En el contexto laboral tienen validez profesional, porque acreditan las competencias en una determinada profesión. Para poder trabajar en algunas profesiones, se exigen determinadas cualificaciones, y los certificados sirven para acreditarlas.
- Asimismo, tienen validez académica, puesto que permiten continuar un itinerario formativo siempre que se cumplan los requisitos de acceso para cursar la titulación deseada. De tal modo que, los Certificados Profesionales que sean parte de un Grado D permitirán la matrícula modular para completar los módulos establecidos en el currículo y obtener el correspondiente título de técnico básico, técnico o técnico superior con validez en todo el territorio nacional.

Para obtener un Certificado Profesional (Grado C) es preciso cumplir con los requisitos de acceso para realizar la formación.

Estructura de los Certificados Profesionales

I. Identificación: denominación, familia y área profesional a la que pertenecen; nivel de cualificación profesional (1, 2 o 3); cualificación profesional de referencia; entorno profesional y módulos formativos que esté previsto cursar junto con la duración de cada uno de ellos.

II. Perfil profesional: incluye las competencias profesionales requeridas en el mercado laboral. En todas ellas se concretan las realizaciones profesionales y los criterios de realización.

III. Formación: describe los módulos formativos que esté previsto cursar para adquirir las competencias requeridas. En cada uno de ellos se indican las capacidades que se pretende alcanzar y la duración del módulo de prácticas no laborales —PNL—, para el que cabe solicitar exención si se cumplen determinados requisitos.

IV. Prescripciones de las personas formadoras.

V. Requisitos mínimos de espacios, instalaciones y equipamiento.

Los Certificados Profesionales se identifican con una denominación concreta y un código alfanumérico propio, y sirven para acreditar una determinada cualificación profesional. Cada certificado está asociado a una relación de unidades de competencia que, a su vez, se vinculan con una serie de módulos formativos específicos. Algunos módulos están integrados por unidades formativas y tanto unos como otras son, en ocasiones, transversales, lo que significa que se trata de contenidos incluidos en más de un Certificado Profesional.

Los Certificados Profesionales se articulan en tres niveles de competencia profesional (1, 2 y 3) conforme a lo dispuesto en el que será el Catálogo Nacional de Estándares de Competencias Profesionales, anteriormente Catálogo Nacional de Cualificaciones Profesionales (CNCP), según los criterios establecidos de conocimientos, iniciativa, autonomía y complejidad de las tareas, en cada una de las ofertas de Formación Profesional.

La oferta formativa dirigida a la obtención de los Certificados Profesionales tiene carácter modular para favorecer la acreditación parcial acumulable de la formación recibida y posibilitar así el avance en el itinerario de Formación Profesional para cualquiera que sea la situación laboral de cada persona en cada momento.

En definitiva, el Grado C constituye la oferta, parcial y acumulable, del sistema de Formación Profesional, de varios módulos profesionales del catálogo modular de Formación Profesional por razón de su significado en el mercado laboral y conducente a la obtención de un Certificado Profesional.

Las ofertas de Grado C de Formación Profesional tendrán por objeto módulos profesionales incluidos previamente en el catálogo modular de formación profesional y asociados al Catálogo Nacional de Estándares de Competencias Profesionales.

Finalidad de los Certificados Profesionales

- Contribuir a la ordenación de un Sistema de Formación Profesional al servicio de un régimen de formación y acompañamiento profesionales que sea capaz de responder con flexibilidad a los intereses, expectativas y aspiraciones de cualificación profesional de las personas a lo largo de su vida.
- Combinar escuela y empresa situando a la persona en el centro del sistema.
- Facilitar el aprendizaje permanente de toda la ciudadanía mediante una formación abierta, flexible y accesible, estructurada de forma modular, a través de la oferta formativa asociada al certificado.
- Acreditar las cualificaciones profesionales o las unidades de competencia recogidas en estas, independientemente de su vía de adquisición, bien sea través de la vía formativa, o mediante la experiencia laboral o vías no formales de formación.
- Favorecer, tanto a nivel nacional como europeo, la transparencia del mercado de trabajo.
- Contribuir a la calidad de la oferta de Formación Profesional.

■ Nota del Editor

En Ediciones Paraninfo estamos comprometidos con la calidad de la formación e intentamos que nuestros materiales respondan fielmente y con rigor a las necesidades de todos cuantos confían en nuestro sello editorial.

Tratamos de dar respuesta a los currículos de las unidades formativas y de los módulos que integran los distintos Certificados Profesionales, equilibrando la parte teórica con la práctica para que los procesos de aprendizaje se conviertan en experiencias gratificantes, tanto para docentes como para las personas inmersas en los procesos formativos.

Nuestros objetivos son contribuir de forma decisiva a afianzar aprendizajes, ayudar a adquirir destrezas que tengan significado para el empleo y conseguir potenciar el desarrollo personal.

Para lograrlo contamos con excelentes autores, expertos en las materias que abordan, en la mayoría de los casos docentes de dichas especialidades con dilatada experiencia tanto profesional como académica, porque buscamos perfiles familiarizados con los contextos laborales concretos a los que se refieren nuestros manuales.

Confiamos en poder serte de ayuda y esperamos tus impresiones acerca de nuestro trabajo. Sean positivas o negativas, serán muy bien recibidas y, sin duda, nos ayudarán a seguir mejorando y trabajando con ilusión para continuar siendo un referente en formación para el empleo.

Agradecemos tu confianza en nuestros manuales. Todo nuestro equipo queda a tu total disposición. Puedes contactar con nosotros en esta dirección de correo electrónico:

info@paraninfo.es

Introducción

El Real Decreto 1114/2007, de 24 de agosto, establece el itinerario para las enseñanzas en el ámbito del sector de la energía solar térmica de bajas temperaturas, para obtener la cualificación de profesionalidad necesaria para ejercer la profesión de instalador de sistemas de energía solar térmica, con Cualificación Profesional de Referencia E264-3: Organización y proyectos de instalaciones solares térmicas.

Se complementa con el Real Decreto 1967/2008, de 28 de noviembre, con Código ENAE0308, que desarrolla con más detalle la unidad de competencia UC0848_3: Organizar y controlar el mantenimiento de instalaciones solares térmicas, y de módulo formativo asociado MF0848_3: "Organización y control del mantenimiento de instalaciones solares térmicas", de 80 horas.

El sector solar térmico ha tenido un gran desarrollo en las dos últimas décadas, especialmente debido a los cambios normativos que favorecen las instalaciones de energías renovables.

El objetivo de este libro es documentar el proceso de mantenimiento, una vez realizado el mismo proceso con el dimensionado, montaje y puesta en marcha, para obtener un mayor rendimiento y vida útil de la instalación solar térmica.

Se pretende transmitir las líneas básicas, para que se planifique y organice el mantenimiento, desde el punto de vista técnico, legal y administrativo.

Dentro de cada capítulo, se desarrollan las líneas básicas de los contenidos, así como los objetivos y las capacidades que se esperan cubrir con él.

Brevemente se indica que se ha desarrollado básicamente en dos partes; la primera, que engloba los capítulos 1 y 2, donde se exponen los conceptos del mantenimiento, sus tipos, las herramientas que se van a utilizar, operaciones que se van a realizar, el diagnóstico de averías y los métodos de reparación, la normativa legal y recomendaciones, la seguridad en el mantenimiento... Básicamente, se detallan los conceptos más técnicos y fundamentales.

La segunda parte del libro engloba los capítulos 3, 4 y 5, donde se expone lo referente al coste del mantenimiento, calidad, registro e inspección, compras, *stock*, *software*... Son aspectos más relacionados con la normativa y el sistema de organización de la empresa que técnicos, que orientan a la hora de organizar los aspectos logísticos del mantenimiento.

En definitiva, lo deseable es que cumpla las necesidades marcadas en el decreto citado y complemente los conocimientos anteriores sobre dimensionado, montaje y puesta en marcha de sistemas solares térmicos de bajas temperaturas.

Los autores

Agradecimientos

Por su colaboración con documentación, fotos y prácticas realizadas en sus instalaciones, se agradece sinceramente su colaboración a:

- Salvador Escoda, S. A.
- Gestora Solar Andaluza, S. L.
- Centro de Formación y Empleo del Ayuntamiento de Almensilla
- Enerenova, S. L.
- Loal Energías Renovables, S. L.
- Sol XXI, S. L.
- Enalter Energía Alternativa, S. L.

Objetivos

A continuación, se indican los objetivos del presente libro, especificando las siguientes realizaciones profesionales y criterios de realización:

RP 1: Organizar y controlar las diferentes maniobras y operaciones de ajuste en las instalaciones solares térmicas para la optimización de su funcionamiento.

CR 1.1. Las señales y datos obtenidos, directamente o a través de sistemas de telecontrol y telemando, se interpretan para optimizar el funcionamiento de la instalación a través de operaciones de ajuste.

CR 1.2. La realización de los diferentes tipos de maniobras y ajustes en la instalación se determinan, informan y se controla su ejecución.

CR 1.3. Las maniobras de puesta en funcionamiento y parada de instalaciones solares térmicas se controlan y supervisan con arreglo a los requisitos de calidad, eficacia y seguridad.

CR 1.4. Las operaciones de ajuste y adaptación estacional de instalaciones, relacionadas con las variaciones climatológicas, se controlan y supervisan con arreglo a los requisitos de calidad, eficacia y seguridad.

CR 1.5. Las medidas de seguridad requeridas en las maniobras se controlan y supervisan, garantizando el control del riesgo para las personas, para el medio ambiente y para los propios circuitos eléctricos e hidráulicos.

CR 1.6. Los resultados de las maniobras y operaciones de ajuste se analizan para extraer conclusiones sobre la optimización del rendimiento y la seguridad de la instalación.

RP 2: Desarrollar, aplicar y mejorar los planes de mantenimiento de instalaciones solares térmicas.

CR 2.1. La información técnica proporcionada por los fabricantes de equipos y elementos utilizados en instalaciones solares térmicas se emplean en la elaboración de los programas de mantenimiento.

CR 2.2. Los manuales de mantenimiento de la propia empresa, acordes con las normativas y ordenanzas de aplicación, se preparan y mantienen al día.

CR 2.3. La definición de tareas, procedimientos y métodos de intervención y desmontaje/montaje, gamas de chequeo, tiempos y los recursos humanos y materiales necesarios para su ejecución en el plazo y coste previsto se asegura que están contenidas en el programa de mantenimiento de la instalación.

CR 2.4. Los criterios de control de calidad se establecen para las distintas fases en que se organiza el mantenimiento.

CR 2.5. Los puntos críticos de las instalaciones que implican mayor riesgo de sobretemperatura, heladas, falta de suministro energético o modificación de los parámetros normales se consideran en la elaboración de los programas de mantenimiento.

CR 2.6. Los programas de mantenimiento establecidos optimizan los recursos propios, determinan las necesidades de apoyo externo y garantizan el cumplimiento de los objetivos de producción.

CR 2.7. Los procedimientos empleados en el mantenimiento preventivo y correctivo se actualizan periódicamente, incorporándose las mejoras detectadas.

CR 2.8. La mejora continua de los planes de gestión del mantenimiento, las pruebas de nuevas técnicas, la participación en el proceso de fiabilización de nuevos productos empleados en las instalaciones, se realizan y supervisan.

RP 3: Organizar y supervisar los procesos y procedimientos de mantenimiento preventivo y correctivo de instalaciones solares térmicas.

CR 3.1. La organización y supervisión del mantenimiento y reparación de las instalaciones se realiza utilizando la documentación recibida y generada, técnica y administrativa.

CR 3.2. El diagnóstico del fallo y/o avería del equipo, elemento o sistema de la instalación solar térmica, se supervisa y controla, aplicando técnicas de análisis de los datos tomados para efectuar la valoración, información técnica de explotación e historial de la instalación.

CR 3.3. Las especificaciones de los distintos materiales y equipos empleados en el mantenimiento de instalaciones solares térmicas se elaboran para la gestión de su adquisición.

CR 3.4. El *stock* de materiales del almacén y los sistemas para su distribución se organizan, gestionan y controlan bajo premisas de eficacia, eficiencia y máxima calidad.

CR 3.5. Los recursos humanos disponibles, maquinaria, herramientas, parques móviles, sistemas de comunicación, y otros elementos necesarios para la ejecución de los distintos tipos de mantenimiento, se coordinan y controlan bajo premisas de eficacia, eficiencia y con la máxima calidad.

CR 3.6. Los procesos de revisión de captadores, tuberías, depósitos, intercambiadores, equipos eléctricos, sondas, purgadores, presostatos, y otros elementos sometidos a campañas de revisión, se organizan y controlan con el objetivo de conseguir que la mayor parte del mantenimiento sea de tipo preventivo.

CR 3.7. El seguimiento del mantenimiento se realiza controlando la calidad de su ejecución y los costes, obteniendo los indicadores de control necesarios para establecer las comparativas que perfilen las líneas de actuación más convenientes y resolviendo las contingencias con la máxima eficiencia y cumpliendo con los objetivos programados.

CR 3.8. Los datos obtenidos fruto de las revisiones o de las modificaciones de las instalaciones, se controlan y recopilan, para mantener los sistemas de información y bases de datos actualizadas.

CR 3.9. La gestión de las fichas de control del mantenimiento periódico de los distintos elementos, así como la elaboración de la base de datos histórica, se realiza usando sistemas tecnológicos apropiados.

CR 3.10. La atención a avisos y reclamaciones por problemas o fallos en la instalación se gestionan con la máxima eficiencia y calidad.

RP 4: Organizar y controlar la aplicación de las normas y medidas de prevención de riesgos, seguridad, salud y medioambientales en el mantenimiento de instalaciones solares térmicas.

CR 4.1. Los riesgos profesionales derivados de la intervención de mantenimiento se identifican y controlan, aplicando el plan de seguridad en el mantenimiento.

CR 4.2. La gestión, despliegue y ubicación de infraestructuras de seguridad y salud de la instalación se desarrollan, supervisan y controlan.

CR 4.3. El empleo, funcionamiento y estado de conservación de los equipos de seguridad y protección personales utilizados en las labores de mantenimiento se supervisan.

CR 4.4. El empleo, funcionamiento y estado de conservación de maquinaria, vehículos, herramientas y otros equipos utilizados en la obra se supervisan desde el punto de vista de la seguridad.

CR 4.5. El plan de emergencias relacionado con el proceso de mantenimiento de la instalación se gestiona.

CR 4.6. Los riesgos de tipo medioambiental se evalúan y controlan para evitarlos o reducirlos en todo momento.

RP 5: Controlar y supervisar la documentación relacionada con los procesos de explotación y mantenimiento de instalaciones de energía solar térmica.

CR 5.1. Los partes de trabajo, albaranes, facturas, pedidos y otros documentos administrativos se organizan y controlan dentro del proceso de mantenimiento.

CR 5.2. Las demandas de clientes son registradas, transmitidas y atendidas con la máxima celeridad.

CR 5.3. Los procedimientos administrativos y sistemas de gestión de la calidad en el mantenimiento se aplican y supervisan para su ejecución.

CR 5.4. Los inventarios se revisan, actualizan y gestionan, controlando la información relacionada con las altas, bajas y reparaciones efectuadas.

CR 5.5. El mantenimiento de los parques móviles, herramientas, maquinaria, sistemas de comunicación y otros equipos se controla y supervisa.

CR 5.6. Los sistemas informáticos de gestión empleados en los procesos de explotación y mantenimiento de instalaciones solares térmicas se supervisan, verificando que se ajustan a los parámetros de funcionamiento establecidos.

Asimismo, el objetivo es alcanzar las siguientes capacidades y criterios de evaluación:

C1: Analizar la documentación técnica de instalaciones solares térmicas determinando las actividades y recursos para planificar el proceso de mantenimiento.

CE1.1. Describir la documentación técnica referida a la instalación solar térmica necesaria para realizar la planificación de su mantenimiento.

CE1.2. Identificar, en el proyecto o plan de mantenimiento, los equipos y elementos de las instalaciones solares térmicas con el fin de planificar el mantenimiento.

CE1.3. Determinar los puntos críticos de una instalación solar térmica en los que pueden producirse averías, sus causas y las consecuencias funcionales y para la seguridad de las mismas.

CE1.4. En un caso práctico, partiendo del manual de instrucciones de mantenimiento, planos, esquemas y otros documentos técnicos:

- Determinar las operaciones que se deben realizar en el mantenimiento de la instalación.
- Determinar el tipo de recursos humanos y materiales necesarios para realizar las operaciones de mantenimiento preventivo.

- Determinar el tipo de recursos humanos y materiales necesarios para realizar las intervenciones de mantenimiento correctivo más usuales.

C2: Elaborar los procedimientos escritos de las operaciones de mantenimiento de instalaciones solares térmicas, determinando las tareas, materiales, medios y criterios para el control de la ejecución.

CE2.1. Seleccionar, de entre el conjunto de las operaciones de mantenimiento preventivo de una instalación solar térmica, aquellas que requieren procedimientos escritos, justificando su selección.

CE2.2. Redactar el procedimiento para la detección de las averías más usuales en los diferentes tipos de instalaciones.

CE2.3. Elaborar especificaciones de diferentes materiales para gestionar su adquisición en el proceso de mantenimiento.

CE2.4. Explicar las tareas de supervisión relacionadas con la adquisición de suministros y control de *stock*.

CE2.5. Redactar los procedimientos de mantenimiento preventivo usuales en los diferentes tipos de instalaciones.

CE2.6. Describir el plan de seguridad en el proceso de mantenimiento y determinar los medios y equipos de seguridad que hay que tener en cuenta para la realización de la reparación, generando la documentación técnica necesaria en el proceso de intervención.

CE2.7. En el procedimiento para la aplicación del mantenimiento preventivo y correctivo, en el que se sustituyan los diferentes tipos de piezas o equipos, con ayuda de la documentación técnica:

- Establecer el orden o secuencia de las diferentes tareas del desmontaje y montaje, detallando las operaciones previas relacionadas con la seguridad.

- Definir las especificaciones de las operaciones que hay que realizar.
- Describir la técnica que se va a utilizar en las distintas tareas, estableciendo materiales, medios, herramientas, tiempos y recursos humanos necesarios.
- Plantear los requisitos y tareas concernientes a la seguridad de la operación.

C3: Aplicar técnicas de programación que optimicen los recursos con el fin de elaborar los programas de intervención y de seguimiento del mantenimiento.

CE3.1. Explicar las distintas técnicas de programación del mantenimiento preventivo y los requisitos que se deben cumplir en cada una de ellas.

CE3.2. Razonar las características del gráfico de cargas de trabajo.

CE3.3. Razonar la organización, prestaciones y aplicación de un programa informático para la gestión y control del mantenimiento.

CE3.4. Detallar el funcionamiento de los sistemas de telecontrol y telemedida de instalaciones solares térmicas.

CE3.5. Explicar los distintos componentes de los costes del mantenimiento y los sistemas para optimizarlos.

CE3.6. En un caso práctico de elaboración de un plan de mantenimiento de una o varias instalaciones solares térmicas:

- Determinar los tipos de intervención y temporalización.
- Establecer las cargas de trabajo de los recursos humanos y de los medios materiales necesarios para la realización del mantenimiento.

- Elaborar la relación de repuestos y productos consumibles que son necesarios para dicho período.
- Realizar un presupuesto anual de mantenimiento, desglosando el coste en sus componentes: repuestos, paradas imprevistas, mano de obra, desplazamientos, impuestos y otros gastos asociados.

C4: Controlar las operaciones generales de mantenimiento en instalaciones solares térmicas a partir de la documentación técnica, aplicando procedimientos normalizados, reglamentación correspondiente y actuando bajo normas de seguridad.

CE4.1. Describir las operaciones de mantenimiento y reparación de los soportes, anclajes y demás componentes estructurales de las instalaciones solares térmicas.

CE4.2. Describir las operaciones de mantenimiento y reparación de los captadores, tuberías, depósitos, intercambiadores y demás componentes hidráulicos.

CE4.3. Describir las operaciones de mantenimiento y reparación en los sistemas eléctricos, electrónicos y de control.

CE4.4. Identificar los puntos críticos en el mantenimiento de las instalaciones solares térmicas.

CE4.5. Identificar las operaciones que hay que controlar cuando se realiza el mantenimiento preventivo y la reparación de instalaciones solares térmicas.

CE4.6. Describir los procedimientos de puesta en servicio de una instalación solar térmica una vez se haya reparado o se le hayan efectuado las operaciones de mantenimiento.

CE4.7. En casos prácticos de realización de revisiones u operaciones de mantenimiento preventivo y de reparaciones en instalaciones solares térmicas:

- Verificar que se ha identificado la avería y las causas posibles a las que obedece.
- Comprobar que las operaciones a realizar planteadas son las requeridas y los medios para realizarlas son los idóneos.
- Seleccionar en catálogos en caso necesario, los elementos y equipos suplementarios no definidos en el proyecto o memoria, eligiendo los más adecuados.
- Supervisar que la realización de las operaciones tanto de comprobación como de reparación se ajusta a los procedimientos de trabajo establecidos.
- Comprobar que se observan las medidas de seguridad establecidas en la realización de todas las operaciones.
- Supervisar la puesta en servicio de la instalación solar térmica.

1. Organización del mantenimiento de instalaciones solares térmicas

Introducción

En este primer capítulo, se va a tratar la organización necesaria para preparar el plan de mantenimiento de una instalación solar térmica.

En primer lugar, se definirán los conceptos básicos de mantenimiento: su función, los objetivos de este, y los tipos, los cuales cumplen funciones diferentes.

Después, se establecerán los conceptos básicos del mantenimiento preventivo; asimismo, se citarán sus tareas.

Tras ello, se hablará de los programas de gestión energética, seguimiento de consumos y evaluación de rendimientos.

Llegado a este punto, se expondrán las operaciones mecánicas y eléctricas que se deben llevar a cabo en el mantenimiento de instalaciones solares térmicas, así como las herramientas y equipos a utilizar.

También se explicarán los procedimientos de limpieza y desinfección de elementos de la instalación, así como las medidas preventivas para la legionelosis.

Del mismo modo, también se detallarán las medidas de parámetros físicos que gobiernan las instalaciones.

Se comenzará entonces, el bloque que describe el mantenimiento correctivo y sus tareas.

Un punto importante será en el que se describirán las herramientas básicas de diagnóstico para afrontar las tareas de mantenimiento correctivo

Por último, asociado al diagnóstico de averías, se plantean los métodos de reparación y aislamiento de los componentes.

Foto de Instalación Solar Térmica para residencia juvenil en Córdoba, cortesía de Gestora Solar Andaluza, S. L.

Contenido

Objetivos

- Diagnosticar fallos y/o averías del equipo, elementos o sistemas de la instalación solar térmica, supervisar y controlar, aplicando técnicas de análisis de los datos tomados para efectuar la valoración, información técnica de explotación e historial de la instalación.
- Organizar y controlar las diferentes maniobras y operaciones de ajuste en las instalaciones solares térmicas para la optimización de su funcionamiento.
- Determinar, informar y controlar la ejecución de la realización de los diferentes tipos de maniobras y ajustes en la instalación.
- Gestionar con la máxima eficiencia y calidad la atención a avisos y reclamaciones por problemas o fallos en la instalación.
- Gestionar el plan de averías relacionado con el proceso de mantenimiento de la instalación.
- Redactar el procedimiento a seguir para la detección de las averías más usuales en los diferentes tipos de instalaciones.
- Redactar los procedimientos de mantenimiento preventivo usuales en los diferentes tipos de instalaciones.
- Controlar las operaciones generales de mantenimiento en instalaciones solares térmicas a partir de la documentación técnica, aplicando procedimientos normalizados, reglamentación correspondiente y actuando bajo normas de seguridad.
- Describir las operaciones de mantenimiento y reparación de los soportes, anclajes y demás componentes estructurales de las instalaciones solares térmicas.

- Describir las operaciones de mantenimiento y reparación de los captadores, tuberías, depósitos, intercambiadores y demás componentes hidráulicos.
- Describir las operaciones de mantenimiento y reparación en los sistemas eléctricos, electrónicos y de control.
- Identificar los puntos críticos en el mantenimiento de las instalaciones solares térmicas.
- Identificar las operaciones que hay que controlar cuando se realiza el mantenimiento preventivo y la reparación de instalaciones solares térmicas.
- Describir los procedimientos de puesta en servicio de una instalación solar térmica una vez se hayan reparado o se le hayan efectuado las operaciones de mantenimiento.
- En casos prácticos de realización de revisiones u operaciones de mantenimiento preventivo y de reparaciones en instalaciones solares térmicas:
  - — Verificar que se ha identificado la avería y las causas posibles a las que obedece.
  - — Comprobar que las operaciones a realizar planteadas son las requeridas y los medios para realizarlas son los idóneos.
  - — Seleccionar en catálogos en caso necesario, los elementos y equipos suplementarios no definidos en el proyecto o memoria, eligiendo los más adecuados.
  - — Supervisar que la realización de las operaciones tanto de comprobación como de reparación se ajusta a los procedimientos de trabajo establecidos.

1.1. Mantenimiento: función, objetivos y tipos

La primera pregunta que se puede plantear es: ¿qué es el mantenimiento y cuáles son sus objetivos?

Una manera sencilla de definirlo es la siguiente: el mantenimiento son las acciones sobre la instalación solar térmica, en adelante, IST, que están orientadas a prevenir, predecir y/o corregir esta para su óptimo funcionamiento durante su vida útil.

El mantenimiento puede ser de tres tipos:

1) Preventivo. Se entiende por mantenimiento preventivo, aquel cuyas operaciones van destinadas a permitir mantener dentro de unas condiciones aceptables las condiciones de funcionamiento, prestaciones, protección y durabilidad de una instalación solar térmica.

   La finalidad del mantenimiento preventivo es encontrar y corregir los problemas menores o anomalías en el funcionamiento de la instalación antes de que estos provoquen averías.

2) Correctivo. Se entiende por mantenimiento correctivo, aquel cuyas operaciones están destinadas a la corrección o reparación de las averías o anomalías detectadas, que se presentan en una instalación solar térmica.

   Su finalidad es erradicar la anomalía que se ha producido en la instalación, la cual puede generar un mal funcionamiento de esta, o incluso la parada total del funcionamiento.

   Dentro de este se puede dividir en dos grandes grupos de mantenimiento correctivo: programado y no programado.

3) Predictivo. Es un tipo de mantenimiento basado en la predicción, según el cual a partir de las variables físicas que actúan en la instalación solar térmica, se puede predecir, a partir de modelos basados en la medición, seguimiento, monitoreo de parámetros, cuando se presenten anomalías o fallos en la instalación.

El mantenimiento es clave para que la vida útil de la instalación se amplíe y su rendimiento durante esta sean lo más óptimos posible.

Además, los datos obtenidos durante el proceso de mantenimiento que se van a tratar crean un *know-how* imprescindible en dos aspectos:

- Por una parte, el tratamiento de estos datos lleva a crear nuevos protocolos de mantenimiento; la realimentación entre ellos hace que se vaya completando la especificación técnica de la instalación, mejoren sus prestaciones y se extienda su vida útil.

- De esta realimentación y sus consecuencias, el proceso de mejora de la instalación llega incluso a incidir en la fase de diseño de posteriores instalaciones.

Las IST tienen, debido a sus diferentes tipologías, diferencias en su mantenimiento; en general, para acometer el mantenimiento de una instalación, el factor de escala de la instalación es un factor importante, ya que no es lo mismo planificar el mantenimiento de una instalación para una vivienda unifamiliar, de mínima complejidad, a una instalación industrial de gran envergadura.

Evidentemente, la instalación industrial requiere un mayor número de operaciones; sin embargo, en lo que se refiere a la metodología, se van a seguir para ambos tipos de instalaciones los mismos procedimientos; para cada caso, se particulariza con ejemplos y ejercicios.

Se estudiará el mantenimiento de IST desde un punto vista global de la instalación, y dentro de este, el mantenimiento específico de cada componente de la instalación, apoyándose en la experiencia de operación y mantenimiento de las instalaciones que se han revisado durante los últimos años.

Se verán los criterios técnicos a la hora de realizar un plan de mantenimiento, para obtener los conceptos necesarios para poder aplicarlos en los diferentes tipos de instalaciones que se nos pueden presentar.

Las sinergias entre los tipos de mantenimiento son evidentes, ya que la planificación y ejecución de cada uno, incide en los otros.

Por ejemplo, realizar un buen plan de mantenimiento preventivo, repercute en una disminución de acciones correctivas, como consecuencia de la menor probabilidad que tiene el sistema de sufrir averías y anomalías.

Asimismo, una buena actuación correctiva en la instalación, en los momentos en que se presentan fallas, lleva a una mejora del plan de mantenimiento preventivo, de tal manera que la realimentación entre ambos es beneficiosa.

Sin embargo, y tal como se verá más adelante en capítulos posteriores, predomina la inclinación hacia un mantenimiento prioritariamente preventivo o correctivo, que se estudiará teniendo los factores de costo, ya que uno de los factores fundamentales del estudio de la optimización de la operación de estos sistemas es la disminución de gastos y rentabilidad.

Se analizará también otra alternativa al mantenimiento preventivo, el mantenimiento predictivo, que como se ha apuntado antes está basado en la medición, seguimiento y monitoreo de parámetros y condiciones operativas de un equipo o instalación; en principio, este tipo de mantenimiento, muy presente en la industria, no está aún muy desarrollado para este tipo de instalaciones.

Suele ser en las instalaciones críticas donde cobra un papel primordial; es por ello, que lo que se pretende es, mediante el estudio de las variables físicas que intervienen en el proceso y un estudio técnico de los componentes, aumentar la fiabilidad del equipo, y con ello, reducir los costes de operación y mantenimiento del sistema.

Es importante trabajar teniendo en cuenta la normativa que rige principalmente estas instalaciones y a las cuales se hará referencia:

- Reglamento de Instalaciones Térmicas en Edificios, en adelante RITE, y sus instrucciones complementarias, en adelante IT, regidas por el Real Decreto 178/2021, de 23 de marzo, por el que se modifica el Real Decreto 1027/2007, de 20 de julio, por el que se aprueba el Reglamento de Instalaciones Térmicas en los Edificios.
- Código Técnico de la Edificación, en adelante CTE, regido por el Real Decreto 314/2006, de 17 de marzo, por el que se aprueba el Código Técnico de la Edificación, y sus sucesivas modificaciones.
- Reglamento Electrotécnico de Baja Tensión, en adelante REBT, regido por el Real Decreto 842/2002, de 2 de agosto, por el que se aprueba el Reglamento electrotécnico para baja tensión (BOE 18/09/02) y sus sucesivas modificaciones, las cuales incluyen sus instrucciones técnicas complementarias.
- Ley 38/1999 de Ordenanza de la Edificación (BOE n. ° 266, 6 de noviembre de 1999), la cual introduce el «Libro del edificio», y sus sucesivas modificaciones.
- «Instalaciones de energía solar térmica. Pliego de condiciones técnicas de instalaciones de baja temperatura», de IDAE (Instituto de Diversificación y Ahorro de la Energía).

Se hace constar que aunque haya normativa que tiene sucesivas modificaciones, no han sido derogados los Reales Decretos correspondientes, en adelante RD, como en el caso del CTE y el REBT; sin embargo, si se debe tener en cuenta que el RITE ha sido modificado por un RD posterior.

Por otra parte, como se verá, la normativa en algunos casos obliga a trabajar en unos parámetros concretos; en otros, establece los requisitos mínimos, que no máximos ni concretos de posibles actuaciones y/o criterios, y en otros casos, solo indica recomendaciones.

1.2. Mantenimiento preventivo. Tareas del mantenimiento preventivo

Como se ha comentado, la finalidad del mantenimiento preventivo es la de, mediante unas determinadas operaciones, prever y anticiparse a las averías de una instalación, ubicando y corrigiendo las posibles anomalías que puedan surgir en esta, antes de que se tornen en serios problemas que afecten el rendimiento y la operabilidad de la instalación, entre otros parámetros.

El objetivo final que se persigue es el correcto funcionamiento de la instalación, permitiendo mantener dentro de unas condiciones aceptables las condiciones de funcionamiento, prestaciones, protección y durabilidad de una instalación solar térmica.

Las operaciones deben ser realizadas por los operadores de mantenimiento. El usuario solo podrá realizar una limitada serie de operaciones, casi todas visuales, siempre guiado por el manual de mantenimiento, sin acometer operaciones para las cuales no está cualificado y/o autorizado.

Se establecen las características principales del mantenimiento preventivo:

1. **Alcance del mantenimiento preventivo**

    El alcance del mantenimiento preventivo en una instalación es, posiblemente, la característica más importante de este.

    Los objetivos del mantenimiento preventivo son los mismos, sin importar la escala de la instalación, ya sea una instalación de unos pocos metros cuadrados o de cientos de metros cuadrados.

    Se debe considerar el alcance de las actuaciones y definir el coste, siendo cuidadoso y teniendo en cuenta que posiblemente requiera autorización de algún recurso no considerado, cuyo coste puede ser inviable o no estar disponible.

    Todo programa de mantenimiento preventivo tiene una época de adaptación, es decir, no va a la par que las mejoras que son progresivas, a medida que se implanta y mantiene a lo largo del tiempo.

    Esto lleva algún tiempo y, por supuesto, está sujeto a modificaciones basadas en la experiencia que arroje el funcionamiento de la instalación; el programa de mantenimiento irá evolucionando.

    El mantenimiento preventivo puede variar, desde contener unas pocas operaciones, la mayoría de inspección visual, hasta un gran número de operaciones, con el más complejo sistema de monitoreo en tiempo real y uso de instrumentos de medida.

Los sistemas complejos de monitoreo proporcionan bastante información útil que debe ser considerada en la actualización del programa de mantenimiento preventivo para poder alcanzar con mayor suficiencia los objetivos de este.

2. Beneficios del mantenimiento preventivo

El mantenimiento preventivo tiene numerosos beneficios, ya que, históricamente, siempre se ha seguido la filosofía de realizar acciones cuando se suceden las fallas, lo que ya se ha nombrado como mantenimiento correctivo.

Sin embargo, del estudio de la vida útil de las instalaciones solares térmicas y de la experiencia de otras instalaciones, se han deducido una serie de beneficios que a continuación se detallan:

a) Reduce las averías y tiempos muertos

Se define un tiempo muerto como el intervalo de tiempo en el que la instalación, debido a una anomalía, no está en funcionamiento.

Es un intervalo de tiempo, en el que todo el consumo deberá de ser asumido por el sistema auxiliar, con el consiguiente gasto energético; además, en muchas ocasiones, el sistema auxiliar ha sido diseñado para atender una parte de la demanda, solamente, o no está preparado para asumirla largos períodos, o bien técnicamente, o bien sin que afecte a la amortización de los equipos, con lo cual supone un gran perjuicio.

Lógicamente, al prestar atención y recursos a las averías, se están perdiendo dichos recursos para realizar mantenimiento preventivo, además de, por ser su naturaleza más repentina, el mantenimiento correctivo será más costoso.

La ejecución de un plan de mantenimiento preventivo asegura una reducción de las averías que sufren los equipos; esto es algo que se cumple en todas las escalas, tanto si se trata de equipos domésticos, como si se trata de instalaciones industriales.

b) Incrementa la vida y rendimiento de los equipos e instalaciones

La realización de un plan de mantenimiento preventivo, basado en la experiencia que se tiene en el conocimiento de estas instalaciones y en las especificaciones que marca el fabricante para la conservación de los equipos, lleva a un mayor incremento en la vida de estos.

Por ejemplo, ejecutar las actividades del programa de mantenimiento que se indica para el acumulador, habiendo consultado la documentación que proporciona el fabricante, hace que el acumulador trate un agua con mayor pureza, que sus conexiones tengan menos corrosión, y menor posibilidad de fugas, entre otros efectos, con lo cual se puede asegurar una mejor vida útil y un incremento en esta respecto a la que tendría si no se realizan estas acciones.

c) Mejora la optimización de los recursos

Al ser programadas las acciones del mantenimiento preventivo, se conocen en cada momento los recursos que se van a utilizar en ello, por lo que están previstos incluso los costes.

Sin embargo, en el mantenimiento correctivo, no se conoce cuándo se tendrá que actuar ni qué recursos exactamente se necesitarán, lo cual crea incertidumbre en la optimización de estos.

d) Reduce los niveles del inventario

Al tener un mantenimiento planeado, se pueden reducir drásticamente los niveles de existencias del almacén.

Por ejemplo, en el caso del acumulador antes referido, si no se hace un mantenimiento preventivo adecuado, es posible encontrarse que se necesita tener un mayor *stock* de su material anexo (valvulería, aislamiento, sensores, ánodos de protección catódica…), que en el caso de realizar las pertinentes acciones preventivas.

Con posterioridad, se hablará de la gestión del almacén.

e) Ahorro económico

Una de las finalidades del mantenimiento preventivo no es solo prevenir anomalías y alargar la vida útil de la instalación, también es la de crear un ahorro significativo.

En principio, diseñar y ejecutar un plan de mantenimiento preventivo requiere de una inversión inicial, la cual puede ser considerada alta, pero queda completamente justificada con el beneficio económico que se obtiene, ya que proporciona una mayor fiabilidad de la instalación, una mayor eficiencia energética y una vida útil más larga de la instalación.

En capítulos posteriores se abordará el coste del mantenimiento de una instalación.

f) Realimentación para futuros diseños

La ejecución de un plan de mantenimiento preventivo durante la vida útil de la instalación puede llevar a descubrir futuras anomalías, las cuales se pueden subsanar desde la fase de diseño.

g) Crea base de datos históricos para mantenimiento predictivo y correctivo; incluso para el propio preventivo

La base de datos podrá utilizarse para rediseñar el plan de mantenimiento predictivo e, incluso, futuros diseños de planes de otras instalaciones.

Por último, es importante comentar que la tarea de mantenimiento preventivo se realiza para reducir la probabilidad de fallo o avería de elementos de la instalación o para maximizar el funcionamiento del sistema. Una tarea de mantenimiento preventivo típica consta de las siguientes actividades de mantenimiento:

- Inspección.
- Desmontaje.
- Subsanación, recuperación o sustitución.
- Montaje.
- Pruebas.
- Verificación.

Las tareas de mantenimiento preventivo se realizan antes de que se produzca fallo o avería en la instalación, con el objetivo principal de reducir:

- El coste de mantenimiento.
- La probabilidad de fallo.

Asimismo, entre sus objetivos se encuentra también aumentar:

- El rendimiento.
- La vida útil de la instalación.

1.2.1. Programa de mantenimiento preventivo

Como se indica en la Instrucción Técnica 3 del RITE, de Mantenimiento y Uso de las Instalaciones Térmicas, en adelante IT3, la instalación térmica se mantendrá de acuerdo con un programa de mantenimiento preventivo que cumpla con una serie de tareas que se deben realizar con una periodicidad determinada.

Los programas específicos de mantenimiento de las instalaciones solares térmicas deberán al menos contener:

- La programación de las tareas necesarias.
- Base de datos que contenga archivadas y documentadas todas las actuaciones preventivas y de reparación que tengan lugar en la instalación.

Los programas de mantenimiento, así como los registros previstos en ellos, permitirán que terceros puedan comprobar que se mantienen las prestaciones previstas en cada instalación, así como sopesar balances económicos del mantenimiento realizado.

Las empresas contratadas, ya sea por el usuario dueño de la instalación, en el caso de pequeñas instalaciones, o por el responsable de mantenimiento, para instalaciones de mayor envergadura, serán las responsables del diseño de estos programas y sus respectivos procedimientos de archivo y control de la información generada; para ello, se firmará el correspondiente contrato de mantenimiento, cuando sea preceptivo.

En ocasiones, cuando la instalación solar térmica está sujeta a subvenciones regionales o estatales, vienen fijadas las condiciones en que la empresa instaladora debe hacerse cargo del mantenimiento de la instalación.

Más adelante, se tratarán los contratos tipo de mantenimiento.

En todos los casos, la responsabilidad de la puesta en práctica de todos los trabajos de mantenimiento especificados reglamentariamente recaerá sobre los titulares y usuarios de las instalaciones.

En un principio, para estas instalaciones, no existía documentación escrita para preparar planes de mantenimiento preventivo; muchas de las tareas que se programaban eran propias de las instalaciones térmicas en general, no solares; con la experiencia y el buen hacer de los operarios de mantenimiento, de los jefes de producción e, incluso, de los usuarios, se ha ido creando una lista de normas de buenas prácticas para crear un plan de mantenimiento preventivo eficiente, aunque en ese proceso, las primeras instalaciones han sufrido las consecuencias de haber sido de prueba.

1.2.2. Programa de gestión energética

La gestión energética es un procedimiento organizado de previsión y control del consumo de energía, con el fin de obtener el mayor rendimiento energético posible sin disminuir el nivel de prestaciones, ya que toda reducción del coste energético redunda en una mejora de la vida económica de la instalación.

El objetivo del programa de gestión energética es reducir el consumo energético y con ello el coste por kilovatio hora (kWh), asegurando la calidad de suministro y facilitando la certificación de equipos e instalaciones.

La empresa de mantenimiento deberá también llevar un registro de las mediciones de algunos parámetros, con el fin de evaluar periódicamente la eficiencia energética de estos equipos.

Las instalaciones solares de más de 14 kilovatios (kW) de potencia nominal (se tomará como referencia 0,7 kWt por cada metro cuadrado de superficie captadora), destinadas a dar cumplimiento a lo establecido en la sección HE4 del Código Técnico de la Edificación, dispondrán de un sistema de medida de la energía final suministrada, con objeto de poder verificar el programa de gestión energética y las inspecciones periódicas de eficiencia energética especificados en la IT 3.4.3 y en la IT 4.2.1.

En el caso de instalaciones solares con acumulación solar distribuida será suficiente la contabilización de la energía solar de forma centralizada en el circuito de distribución hacia los acumuladores individuales.

El diseño del sistema de contabilización de energía solar debe permitir al usuario de la instalación comprobar de forma directa, visual e inequívoca el correcto funcionamiento de la instalación, de manera que este pueda controlar periódicamente la producción de la instalación.

Es importante destacar que la empresa mantenedora deberá realizar un seguimiento de la evolución del consumo de energía y de agua para instalaciones de más de 70 kW térmicos. El fin es detectar posibles desviaciones de los valores iniciales y tomar las medidas correctoras necesarias.

Las instrucciones de seguridad de las instalaciones térmicas de más de 70 kW serán visibles y comprenderán los aspectos relativos a paradas de equipos, indicaciones de seguridad, advertencias, cierre de válvulas, etcétera.

Las instrucciones de manejo y maniobra, así como las instrucciones de funcionamiento deberán estar situadas en salas de máquinas y otros locales técnicos, a disposición del personal que las necesite; asimismo, deberán estar registradas en la administración correspondiente.

La normativa establece que es obligatorio, a la vez que conveniente, efectuar la contabilización del consumo de energía de todos los usuarios.

Según la IT3.4 del Reglamento de Instalaciones Térmicas, referida al programa de gestión energética en las instalaciones de energía solar térmica con superficie de apertura de captación mayor que 20 metros cuadrados (corresponde a 14 kWt) se realizará un seguimiento periódico del consumo de agua caliente sanitaria y de la contribución solar, midiendo y registrando los valores. Una vez al año se realizará una verificación del cumplimiento de la exigencia que figura en la Sección HE 4 «Contribución solar mínima de agua caliente» del Código Técnico de la Edificación.

En la IT 3.4.4, se expone el asesoramiento energético y se matizan las siguientes afirmaciones:

- La empresa mantenedora asesorará al titular, recomendando mejoras o modificaciones de la instalación, así como en su uso y funcionamiento que redunden en una mayor eficiencia energética, y sobre el reemplazo de las calderas de combustibles fósiles existentes, en su caso por alternativas como la utilización de energías renovables y el aprovechamiento de energías residuales.
- Además, en instalaciones de potencia térmica nominal mayor que 70 kW, la empresa mantenedora realizará un seguimiento de la evolución del consumo y de la energía aportada por la instalación térmica con el mayor nivel de desagregación posible por uso (calefacción, refrigeración y agua caliente sanitaria), así como del consumo de agua en función de los dispositivos de medida disponibles, con el fin de poder detectar posibles desviaciones y tomar las medidas correctoras oportunas. Esta información se conservará por un plazo de, al menos, cinco años y deberá entregarse al propietario del edificio e incorporarse al «Libro del edificio».

Por último, en la IT 3.7, se habla de las instrucciones de mantenimiento, en las que se afirma que el programa de funcionamiento será adecuado a las características técnicas de la instalación concreta con el fin de dar el servicio demandado con el mínimo consumo energético.

En el caso de instalaciones de potencia térmica nominal mayor que 70 kW, comprenderá los siguientes aspectos:

- Horario de puesta en marcha y parada de la instalación.
- Orden de puesta en marcha y parada de los equipos.
- Programa de modificación del régimen de funcionamiento.
- Programa de paradas intermedias del conjunto o de parte de equipos.
- Programa y régimen especial para los fines de semana y para condiciones especiales de uso del edificio o de condiciones exteriores excepcionales.

1.2.3. Medidas de parámetros físicos

Se van a exponer a continuación los distintos parámetros físicos que intervienen en las IST, y de los aparatos de medición que se utilizan para ajustar y controlar sus valores de consigna.

Básicamente, los parámetros que se deben medir son los siguientes:

- Temperatura
- Presión
- Caudal
- Tensión
- Intensidad

Se podrán medir otros parámetros a partir de estos, sobre todo relacionados con la tensión e intensidad.

1. **Temperatura.** Es un parámetro básico, posiblemente el más importante en la instalación. Es necesario medir la temperatura de los fluidos caloportadores en la instalación en diversos puntos, ya que en definitiva a la salida se necesita alcanzar una temperatura determinada.

   Para su medida, se puede utilizar una alta gama de termómetros, ya sean analógicos o digitales, los cuales se pueden conectar al PLC (cuadro de control) de la instalación, para poder telemonitorizar este dato.

   Generalmente, hay varios tipos; se van a ilustrar algunos, los más usuales:

   — Termómetro bimetálico: el órgano sensible llamado lámina bimetálica está formado por dos láminas metálicas escogidas entre metales que tengan sus coeficientes de dilatación lo más dispares posibles, y están soldadas una contra la otra a lo largo de toda su longitud. Cuando la temperatura varía, una de las láminas se dilata más que la otra, obligando a todo el conjunto a curvarse sobre la lámina más corta.

   Las láminas bimetálicas pueden inicialmente estar enrolladas en espiral. En este caso la lámina interior está hecha del metal que se dilata más. De esta forma, cuando la temperatura aumenta, la espiral se desenrolla. El movimiento se amplifica mediante un sistema de palancas sujetas a la extremidad de la espiral y que termina en una aguja que indica la temperatura. Pueden llegar a abarcar un rango desde -30 °C a 200 °C.

Figura 1.1. Termómetro bimetálico, cortesía de Gestora Solar Andaluza S. L.

— Termómetros basados en termopares: un termopar se compone de dos hilos de metales diferentes soldados en sus extremos. Cuando las temperaturas de cada soldadura son diferentes, se origina una fuerza electromotriz que es función de esa diferencia de temperatura, la cual viene indicada por un voltímetro calibrado.

Los termómetros de par termoeléctrico se utilizan mucho como piranómetros, es decir, como instrumentos para medir temperaturas muy elevadas y también en ciertas aplicaciones se usan para medir temperaturas extraordinariamente bajas, pueden medir rangos entre -200 °C y 1200 °C.

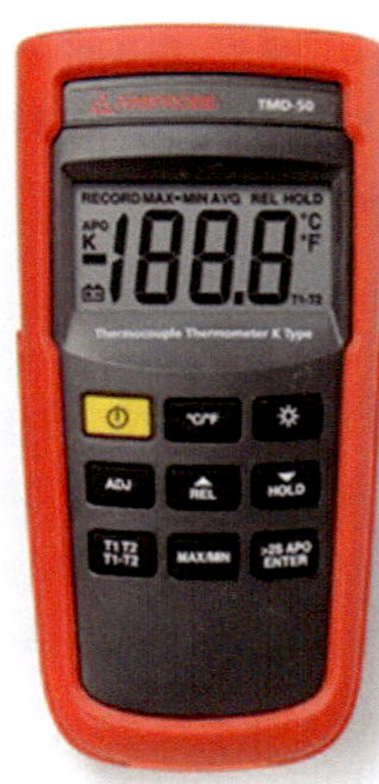

Figura 1.2. Termómetro de termopar, cortesía de Gestora Solar Andaluza S. L.

— Termómetro láser: un termómetro láser es un dispositivo que nos permite medir la temperatura de cualquier objeto a distancia y sin establecer contacto con el mismo.

Esto supone una gran ventaja en cuanto a seguridad y comodidad en muchas situaciones en las que es complicado o peligroso acercarse al elemento del cual se quiere medir la temperatura, por no hablar de aquellas situaciones en las que el contacto directo es imposible.

Los objetos con una temperatura por encima del punto cero absoluto irradian energía. La cantidad de energía crece de manera proporcional a la cuarta potencia de la temperatura.

Este concepto es el principio básico de la medición de la temperatura por medio de infrarrojos. Con el factor de emisión se introduce una variable en esta regularidad. El factor de emisión es una medida para la relación de las radiaciones que emiten un cuerpo gris y un cuerpo negro a igual temperatura. Un cuerpo gris es un objeto que tiene el mismo factor de emisión en todas las longitudes de onda. Un cuerpo no gris es un objeto cuyo factor de emisión cambia con la longitud de onda, por ejemplo, el aluminio. Como norma general se considera que el factor de emisión es igual al factor de absorción.

Para superficies brillantes, el factor de emisión puede ser ajustado en los medidores láser para temperatura de modo manual o automático, para así corregir los errores en la medición. En la mayoría de las aplicaciones esto es muy sencillo de realizar. Para los casos en los que el factor de emisión no es constante, se puede resolver el problema midiendo en dos o más longitudes de onda.

Su rango se sitúa entre -40 °C y 220 °C.

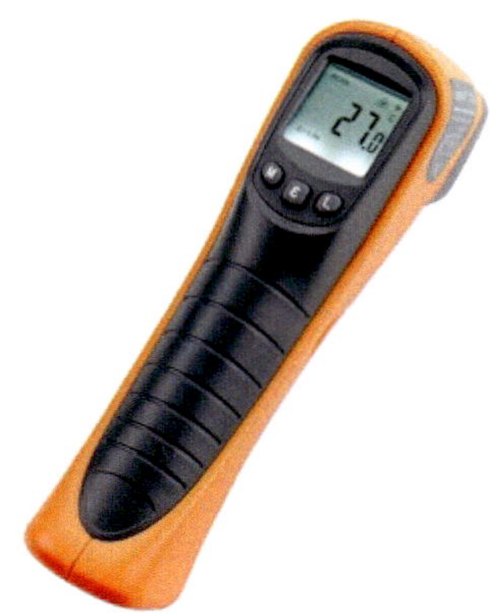

Figura 1.3. Termómetro de termopar, cortesía de Gestora Solar Andaluza S. L.

2. **Presión.** La presión es otro de los parámetros físicos de la instalación que se deben medir y controlar; tanto para su buen funcionamiento, como para la seguridad de la instalación. Para ello, se utiliza el manómetro, aparato destinado a la medición de la presión de gases y líquidos.

   Los más utilizados son los manómetros de Bourdon, que se rellenan con glicerina; Los tubos de Bourdon son tubos curvados en forma circular de sección oval. La presión que se quiere medir actúa sobre la cara interior del tubo, con lo que la sección oval se aproxima a la forma circular. Mediante el acodamiento del tubo de Bourdon se producen tensiones en el borde que flexionan el tubo. El extremo del tubo sin tensar ejecuta un movimiento que representa una medida de la presión, la cual se traslada a una aguja indicadora.

Para presiones hasta 40 bar se utilizan en general tubos curvados de forma circular con un ángulo de torsión de 270°; para presiones superiores, tubos con varias vueltas en forma de tornillo.

Los tubos de Bourdon tienen una fuerza de retorno relativamente baja. Por ello, debe tenerse en cuenta su influencia en la indicación, en los equipos adicionales como, por ejemplo, indicadores de seguimiento, transmisores de señal límite o potenciómetros de control remoto. Los órganos de medición de tubo de Bourdon solamente pueden protegerse contra sobrecarga de manera limitada mediante el apoyo del órgano medidor con un valor límite de presión.

Figura 1.4. Manómetro, cortesía de Gestora Solar Andaluza S. L.

Frente a deformaciones pequeñas de materiales elásticos, será posible obtener una cuantificación reproducible de las cargas (fuerzas) solicitantes.

El manómetro de Bourdon depende, precisamente, de la elasticidad de los materiales utilizados en su construcción. Este manómetro, tal vez el más común en plantas de procesos que requieran medición de presiones.

Su rango se sitúa entre 0 y 20 bar.

3. **Caudal.** El caudal, que se mide en unidades del SI en metros cúbicos hora (m^3/h), mide el paso de un fluido por una tubería en las unidades descritas. El caudal se mide con los caudalímetros, que suelen ser electrónicos de molinos, diferenciales de presión o magnéticos.

   Cuando se instalen caudalímetros mecánicos se deberá prever la instalación de un filtro antes del mismo, ya que las partículas sólidas que suele llevar el agua en suspensión pueden producir errores importantes de lectura y la parada del contador.

   El caudalímetro debe instalarse en el tubo más frío del circuito. En las instalaciones de calefacción y producción de ACS se deberá ubicar en la tubería de retorno; en las de agua enfriada, en la tubería de impulsión, y en las instalaciones de energía solar, en el circuito de impulsión a paneles solares.

   En las instalaciones de energía solar hay que prestar atención a la elección del caudalímetro, debiendo soportar estos una temperatura de, al menos, 120 °C. Se deberán instalar en el sistema de energía solar los dispositivos que impidan que el líquido caloportador que circule por el caudalímetro supere dicha temperatura. Los caudalímetros se deben montar siempre en la dirección correcta del flujo (por norma UNE-EN 1434-1:2016 debe señalizarse la dirección del caudal en la carcasa del caudalímetro). Hay que respetar siempre las longitudes mínimas de tramo recto de tubería antes de un caudalímetro instalado, siendo estas un múltiplo del diámetro nominal del mismo.

Figura 1.5. Caudalímetro, cortesía de Enerenova.

4. **Tensión e intensidad.** Son los parámetros eléctricos que se deben medir en las instalaciones solares térmicas, en su parte eléctrica; para su medida, se utiliza un multímetro, que está capacitado para dar medidas de ambos.

   También es interesante la medida de la resistencia de tierra, que no la dan todos los multímetros, y que se mide con el medidor de resistencia de continuidad.

   A continuación se comentan las características típicas de estos aparatos de medición:

Multímetro digital
APLICACIÓN: – Verificaciones funcionales en las instalaciones eléctricas; por ejemplo, comprobación de la tensión de alimentación, detección de tensión, comprobación de la carga en un circuito, verificaciones simples de continuidad.
CARACTERÍSTICAS TÉCNICAS: – Campo de medida mínimo para tensión alterna 50 Hz, de 1 V a 500 V. – Campo de medida mínimo para tensión continua de 100 mV a 500 V. – Campo de medida mínimo para resistencia 0,1 Ω a 100 kΩ. – Campo de medida mínimo para intensidad alterna 50 Hz, de 0,5 A a 2 A. – Campo de medida mínimo para intensidad continua, de 0,2 A a 2 A. – Exactitud básica mejor o igual del 5% para todos los campos de medida indicados.
REQUISITOS DE MANTENIMIENTO: no tiene requisitos específicos.
REQUISITOS DE CALIBRACIÓN: – Calibración en los campos de medida indicados de cada una de las cinco magnitudes (tensión continua y alterna, intensidad continua y alterna y resistencia). – Plazo recomendado: entre 12 y 24 meses, según la frecuencia de uso.
CRITERIOS DE ACEPTACIÓN Y RECHAZO: – El plazo inicial de calibración será de 12 meses hasta que se disponga de un historial suficiente que justifique su ampliación progresiva hasta un máximo de 24 meses. – En la mayoría de los casos basta comprobar que las desviaciones certificadas en la calibración serán menores que la exactitud básica especificada en las características técnicas, ya que la incertidumbre de calibración debe ser pequeña (menor de la cuarta parte de la exactitud básica especificada). – Cuando la incertidumbre de calibración no sea menor de la cuarta parte de la exactitud básica especificada para el equipo, el criterio de aceptación será comprobar si la suma de las desviaciones certificadas en la calibración (en valor absoluto) más la incertidumbre es menor que esta exactitud básica.
OBSERVACIONES: – No tiene que ser necesariamente un equipo individual, sino que puede venir integrado en un equipo multifunción denominado comprobador de baja tensión. – Puede tener un campo de medida ampliado hasta 20 A tanto en intensidad continua como en alterna, en cuyo caso haría también las funciones de pinza amperimétrica para medida de alta intensidad. – Como medidor de tensión puede hacer también las funciones de detector de tensión.

Figura 1.6. Multímetro digital, cortesía de Salvador Escoda.

Medidor de resistencia de continuidad
APLICACIÓN: – Medida de la continuidad y del valor de la resistencia del circuito de puesta a tierra, así como de las uniones equipotenciales.
CARACTERÍSTICAS TÉCNICAS: – Campo de medida mínimo de 0,2 Ω a 20 Ω. – Resolución mejor o igual de 0,01 Ω. – Debe funcionar mediante un generador interno de tensión de salida entre 4 y 24 V, que funcione en corriente continua o en corriente alterna, capaz de inyectar una intensidad de medida mayor de 200 mA en el campo de medida más bajo. – Si el generador es de corriente continua el instrumento debe realizar la medida con cambio de polaridad. – Exactitud para la medida de resistencia, mejor o igual del 30 %.
REQUISITOS DE MANTENIMIENTO: no tiene requisitos específicos.
REQUISITOS DE CALIBRACIÓN: – Calibración en todo el rango de medida de resistencia. – Plazo recomendado: entre 12 y 24 meses, según la frecuencia de uso.
CRITERIOS DE ACEPTACIÓN Y RECHAZO: – El plazo inicial de calibración será de 12 meses hasta que se disponga de un historial suficiente que justifique su ampliación progresiva hasta un máximo de 24 meses. – En la mayoría de los casos basta comprobar que las desviaciones certificadas en la calibración serán menores que la exactitud básica especificada en las características técnicas, ya que la incertidumbre de calibración debe ser pequeña (menor de la cuarta parte de la exactitud básica especificada). – Cuando la incertidumbre de calibración no sea menor de la cuarta parte de la exactitud básica especificada para el equipo, el criterio de aceptación será comprobar si la suma de las desviaciones certificadas en la calibración (en valor absoluto) más la incertidumbre es menor que esta exactitud básica.
OBSERVACIONES: – No tiene que ser necesariamente un equipo individual, sino que puede venir integrado en un equipo multifunción denominado comprobador de baja tensión. – Si el instrumento no tiene un sistema automático de compensación de la resistencia de las puntas de prueba, se debe hacer dicha compensación antes de efectuar las medidas. – Norma de referencia para el fabricante del equipo: UNE-EN 61557-4.

Comprobador de interruptores diferenciales
APLICACIÓN: – Comprobación de la característica de funcionamiento intensidad tiempo de los interruptores diferenciales y medida de la tensión de contacto.
CARACTERÍSTICAS TÉCNICAS: – Capacidad de prueba de diferenciales de 10-30-100-300-500 mA, inyectando intensidades x1/2; x1,x2, x5 para cada tipo de diferencial. – La prueba de inyección de intensidad para el valor de x1/2 durará al menos 200ms. – Exactitud mejor del ±10% para la medida del valor de la intensidad diferencial de operación. – Capacidad de medida de la tensión de contacto entre 1V y 60 V. – Exactitud en la medida de la tensión de contacto mejor del 0/+20%. – Capacidad de medida del tiempo de disparo del diferencial entre 40 ms y 500ms. – Exactitud en la medida del tiempo de disparo del diferencial mejor de ±10 % en todo el campo de medida.
REQUISITOS DE MANTENIMIENTO: no tiene requisitos específicos.
REQUISITOS DE CALIBRACIÓN: – Calibración como medidor de intensidad en las distintas posiciones de funcionamiento, con corriente senoidal (diferenciales tipo AC). – Calibración como medidor del tiempo de disparo. – Calibraci ón como medidor de la tensión de contacto. – Plazo recomendado: entre 12 y 24 meses, según la frecuencia de uso.
CRITERIOS DE ACEPTACIÓN Y RECHAZO: – El plazo inicial de calibración será de 12 meses hasta que se disponga de un historial suficiente que justifique su ampliación progresiva hasta un máximo de 24 meses. – En la mayoría de los casos basta comprobar que las desviaciones certificadas en la calibración serán menores que la exactitud básica especificada en las características técnicas, ya que la incertidumbre de calibración debe ser pequeña (menor de la cuarta parte de la exactitud básica especificada). – Cuando la incertidumbre de calibración no sea menor de la cuarta parte de la exactitud básica especificada para el equipo el criterio de aceptación será comprobar si la suma de las desviaciones certificadas en la calibración (en valor absoluto) más la incertidumbre es menor que esta exactitud básica. – Estos equipos son generalmente capaces de medir también un valor aproximado de la resistencia de puesta a tierra R_A en sistemas TT, sin necesidad de picas auxiliares y sin provocar el disparo de los diferenciales a través de la medida de la resistencia de bucle de defecto. En caso de que el instrumento cuente con esta función también se debería calibrar. – No tiene que ser necesariamente un equipo individual, sino que puede venir integrado en un equipo multifunción denominado comprobador de baja tensión. – Norma de referencia para el fabricante del equipo: UNE-EN 61557-6.

Se van a nombrar dos aparatos de medición para distancias:

- Medidor digital de distancias.
- Medidor ultrasónico de espesores.

Se deja para el apartado siguiente hablar de los contadores de agua, energía y electricidad, cuyos parámetros físicos se han definido en este apartado.

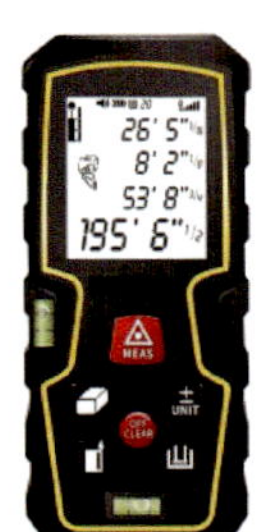

Figura 1.7. Medidor digital de distancias, cortesía de Enerenova.

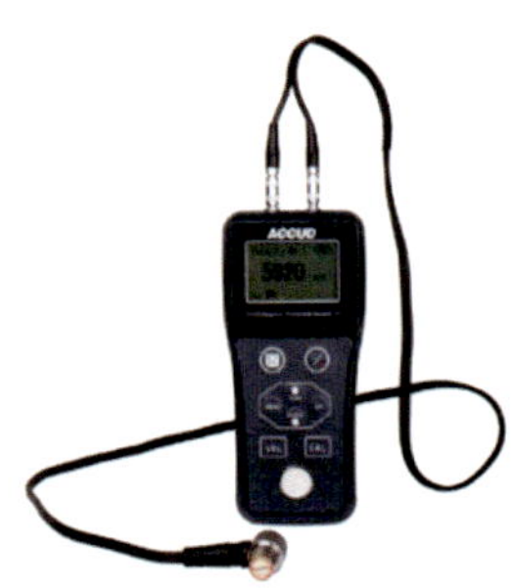

Figura 1.8. Medidor ultrasónico de espesores, cortesía de Enerenova.

1.2.4. Seguimiento de consumos

Dentro de la obligación que tienen las instalaciones de tener un programa de gestión energética, hay que contabilizar los consumos y evaluar el rendimiento de la instalación.

Se van a establecer los requisitos que han de cumplir los instrumentos de medida de consumos (agua, energía suministrada a la central térmica y energía térmica útil aportada al edificio) que deben albergar las instalaciones térmicas en los edificios, así como la contabilización de dichos consumos en aras a conseguir el seguimiento continuo de la eficiencia energética de las instalaciones y su consumo de agua caliente.

La eficiencia energética no debe medirse de forma instantánea, ya que son muchos los factores de difícil evaluación que afectan a la misma y que hacen imposible conseguir resultados suficientemente fiables en la práctica cotidiana; sino que debe medirse de forma estacional, es decir, durante períodos concretos de tiempo, aconsejablemente durante intervalos anuales, ya que el rendimiento estacional de una instalación varía según la época del año.

Se van a establecer de forma práctica los requisitos mínimos que deben cumplir los instrumentos de medida de consumos, al tiempo que se pretende homogeneizar, mediante modelos y ejemplos, la toma y el registro de datos, así como su periodicidad por parte de las empresas de mantenimiento y/o gestores energéticos.

Son muchas las razones que avalan la medición de consumos y, con ella, la de la eficiencia energética. Entre estas, se pueden citar las siguientes:

1) La eficiencia energética de una instalación térmica puede y debe medirse durante la vida útil de la misma, siendo muy difícil avanzar en su mejora si se desconoce su valor. Una frase muy conocida afirma: «Lo que no se mide, no existe y, además, no puede mejorarse». Sería imposible conseguir en la práctica mejoras constantes de la eficiencia energética, sin medirla.

2) Para conseguir la eficiencia energética no basta con instalar captadores solares u otros elementos a los que se les suponga esta. La eficiencia energética es la suma de multitud de factores relacionados con el diseño, montaje y posterior mantenimiento de una instalación, por lo que, en un edificio existente, la eficiencia energética no debe simularse, sino que debe medirse.

3) Los profesionales responsables de las instalaciones térmicas en los edificios, entre los que se pueden citar a promotores, constructores, arquitectos,

fabricantes, ingenieros, instaladores y mantenedores, tendrán una actitud más favorable hacia la eficiencia energética en sus distintos cometidos, si saben que esta se va a medir y los usuarios o la Administración les pueden pedir responsabilidades, en caso de que la realidad no coincida con las expectativas creadas al respecto o no se cumplan unos requisitos mínimos de rendimiento.

4) Con la medición de la eficiencia energética, los profesionales podrán disponer de datos para mejorar su aptitud en esta cuestión, ya que hasta ahora la mayoría de las instalaciones han sido diseñadas para cubrir exclusivamente los criterios de confort y seguridad de sus usuarios, prestándose poca o nula atención a los aspectos energéticos. Estos profesionales podrán comprobar los resultados de las distintas soluciones aportadas en el diseño de una instalación, diferenciando aquellos aspectos eficientes de los que no lo son.

5) Se contempla la posibilidad del diseño de instalaciones desde un punto de vista prestacional, con lo que se podrán obtener magníficos resultados si se da rienda suelta a la imaginación e inteligencia de los distintos profesionales, sin estar encorsetados por un reglamento prescriptivo, en el que basta con cumplir los requerimientos mínimos establecidos, al margen de los resultados obtenidos. Para ello, es importante comprobar los resultados, una vez puesta en marcha la instalación, por lo que la medición de la eficiencia energética se convierte en una herramienta fundamental en un deseable proceso de innovación y mejora constante de la eficiencia energética de las instalaciones de confort de los edificios.

6) Todos estos factores redundan a favor de una realimentación del proceso de diseño, para mejorar la eficiencia de este desde la base misma.

Se van a describir los distintos aparatos necesarios para la contabilización de consumos y para el seguimiento de la eficiencia energética de las instalaciones.

En una instalación solar se pueden encontrar tres tipos de contadores:

1. Contadores de agua.

   Los contadores de agua son instrumentos concebidos para medir e indicar el volumen de agua (excluido cualquier otro líquido) que pasa por ellos, de manera continua, e incluyen un dispositivo medidor que acciona un dispositivo indicador.

Los contadores de agua serán objeto de control metrológico de aprobación de modelo y verificación primitiva y cumplirán todos los requisitos de homologación, precintado y verificación exigidos por la normativa vigente.

Los contadores de agua, en función de la temperatura de trabajo, podrán ser para agua fría (0-30 °C) y para agua caliente (0-90 °C).

El volumen de agua fría suministrada a las instalaciones de producción centralizada de ACS, así como el agua necesaria para el llenado de los circuitos cerrados que formen parte de la instalación, será medido mediante contadores de agua fría.

Los contadores de agua caliente sanitaria serán utilizados cuando el agua pueda superar la temperatura de 30 °C. Se deberá instalar un contador por cada uno de los usuarios de un edificio colectivo, siempre y cuando el sistema de producción de agua caliente sanitaria sea centralizado.

La unidad de medida habitual que toman es m^3/h.

El fabricante deberá especificar las condiciones nominales del instrumento y, como mínimo, las siguientes:

- Posición de instalación. Suele estar marcada con una flecha.
- Intervalo de temperaturas de funcionamiento.
- Caudales mínimo-nominal-máximo. Para saber en qué rango de trabajo se está trabajando, es importante tenerlo marcado.
- Presión máxima de trabajo. Es necesario conocerla, para no superarla; dependerá del tarado de seguridad de todo el circuito cerrado.
- Curva de errores de medida. Con ello se pueden comprobar las desviaciones, según los parámetros físicos, respecto de la realidad.

Figura 1.9. Contador de agua, cortesía de Gestora Solar Enerenova.

2. Contadores eléctricos.

   Los contadores de electricidad son instrumentos concebidos para medir la energía eléctrica consumida en un circuito.

   En las instalaciones solares, se encuentra normalmente que los consumos que se van a optimizar de los diferentes componentes son debidos a las bombas de circulación, contadores de agua, contadores térmicos, ánodos de sacrificio...

   Son consumos pequeños, pero no por ello despreciables.

   Los contadores eléctricos serán objeto de control metrológico de aprobación de modelo y verificación primitiva y cumplirán todos los requisitos de homologación, precintado y verificación exigidos por la normativa vigente.

   Los contadores de energía eléctrica, en función de sus características de funcionamiento, podrán ser de las siguientes categorías:

   - Contadores electromecánicos
   - Contadores estáticos (electrónicos)

   Los contadores de energía eléctrica, en función del tipo de energía que miden, podrán ser de las siguientes categorías:

   - Contadores de energía activa
   - Contadores de energía reactiva
   - Contadores combinados

   En función del tipo de corriente, podrán ser de las siguientes categorías:

   - Contadores monofásicos
   - Contadores trifásicos

   Normalmente, se trata de consumos monofásicos, aunque en algún caso las bombas pueden estar alimentadas por corriente trifásica (instalación de gran tamaño).

   Miden la energía en kWh.

3. Contadores de energía térmica.

   Los contadores de energía térmica son instrumentos concebidos para medir el calor cedido por un líquido caloportador en un circuito de intercambio térmico.

Los contadores de energía térmica están compuestos por los siguientes elementos:

- Caudalímetro con cable de señal de caudal al integrador
- Sonda de temperatura de impulsión
- Sonda de temperatura de retorno
- Integrador (cabeza de medición)

Los contadores de energía térmica, en función de las características de su caudalímetro, podrán ser de las siguientes categorías:

- Contadores mecánicos
- Contadores estáticos (ultrasonidos, magneto-inductivos, presión diferencial, etcétera)

El fabricante deberá especificar las condiciones nominales del instrumento y, como mínimo, las siguientes:

- Posición de instalación
- Caudal mínimo
- Caudal nominal
- Caudal máximo
- Presión de operación máxima
- Temperatura máxima de trabajo
- Diagrama de pérdida de presión
- Curva de errores de medida

En la selección y montaje de los contadores de energía térmica deberán tenerse en cuenta los requisitos establecidos por el fabricante del equipo, debiendo adecuarse dichos contadores a las circunstancias particulares de funcionamiento del circuito cuyo intercambio de calor se quiere medir.

En el montaje de los contadores de energía térmica hay que prestar especial atención a la instalación de las sondas de temperatura, cuyo elemento sensible debe quedar ubicado en el centro de las tuberías en las que se instalan, señalando en dirección contraria a la del flujo de agua. Con el fin de evitar inducciones, todos los cables de control (sondas y caudalímetro) deben instalarse por separado, no en paralelo con otros cables de tensión, siendo la distancia mínima con estos de, al menos, 25 centímetros. Las sondas de temperatura empleadas para medir la temperatura de impulsión y retorno se suministran en pares calibrados que no deben separarse, y sus cables no deben acortarse ni alargarse.

Si la longitud del cable de una de las sondas fuera insuficiente, deben cambiarse las dos sondas a la vez. Las sondas se deben precintar dentro de los portasondas con hilo de cierre y un sello permanente, de tal manera que cualquier manipulación quedará identificada, dejando el precinto roto, y activará un código de anomalía en el integrador debido a la lectura fuera de rango de la sonda.

Las sondas de temperatura deben encajarse bien en el interior de los portasondas. Se recomienda usar en su interior una pasta conductora de calor que no se endurezca.

Con el fin de aumentar la exactitud de la medida de las sondas de temperatura, estas deben estar convenientemente aisladas, evitándose errores por radiación de la tubería, no debiendo cubrirse la cabeza de la sonda, en caso de sondas con cabeza.

En las instalaciones de agua enfriada, el correcto aislamiento del manguito de conexión de la sonda de temperatura evita la formación de condensaciones.

Una vez conectadas las sondas y el caudalímetro de agua y cualquier cable adicional de control o alimentación al integrador (según las conexiones específicas de cada fabricante), el integrador se debe precintar para que cualquier intento de acceder a las bornas de conexiones interiores rompa dichos precintos.

Se recomienda utilizar integradores que identifiquen a través de un código en la pantalla que ha sido desconectado el caudalímetro, las sondas o la alimentación.

Para los integradores alimentados con batería de litio, se recomienda montar el integrador en la pared (y no en la tubería) para maximizar la vida de la batería.

Con el fin de poder realizar un correcto seguimiento de las lecturas de los contadores de energía térmica, estos deberán estar provistos de emisores de impulsos. Se recomienda la instalación de sistemas de transmisión tipo MBus o similar, con el fin de poder telecontrolar todas las variables del contador, en cuyo caso no son necesarios los emisores de impulsos.

Figura 1.10. Contador de energía térmica, cortesía de Enerenova.

1.2.5. Evaluación de rendimientos

Para poder evaluar el rendimiento de la instalación solar, hay que hacer un seguimiento de la eficiencia energética de esta.

Será necesario instalar los contadores anteriormente descritos en los puntos adecuados de la instalación según las indicaciones del apartado anterior, de tal manera que permita medir en la central térmica al menos:

- Energía eléctrica consumida en kWh (Eel).
- Energía térmica útil aportada al sistema de producción de ACS en kWh (Eua).
- Energía solar aportada al sistema de producción de ACS en kWh (Eusa).

En el caso de edificios de propiedad colectiva que dispongan de contadores de consumos energéticos individuales, se medirán para cada usuario al menos:

- Energía térmica útil consumida de ACS en kWh o el volumen de consumo de ACS en metros cúbicos (Euda).

Todas las anteriores mediciones se realizarán en períodos de un año y durante el mismo intervalo de tiempo, de tal manera que permita calcular las variables energéticas que a continuación se describen.

1. Energía térmica útil (Eu)

   La energía térmica útil (Eu) es la suma de las lecturas de los contadores de energía térmica ubicados en los distintos subsistemas de la instalación en un momento dado, menos la suma de las lecturas de dichos contadores en la misma fecha del año anterior.

   Se instalarán los contadores de energía térmica en los subsistemas de la instalación.

2. Eficiencia solar diaria (ESd)

   Es la relación existente entre la energía térmica útil producida por un sistema de energía solar térmica y la superficie captadora útil de paneles instalada, en un número determinado de días. Se expresa en kWh/m^2.

3. Cobertura solar ACS (CSa)

   Es la relación existente entre la energía útil producida, para un sistema de producción de ACS, por un sistema de energía solar térmica y la energía útil total enviada a dicho sistema (solar + convencional). Se expresa en tantos por ciento.

Las instalaciones térmicas deben tener un consumo reducido de energía convencional y, como consecuencia, una producción limitada de emisiones de gases de efecto invernadero y de contaminantes atmosféricos.

Para alcanzar estos objetivos es necesario:

a. Seleccionar sistemas y equipos de generación y transporte de alto rendimiento energético en cualquier condición de funcionamiento.
b. Aislar térmicamente las redes de distribución de los fluidos portadores.
c. Dotar las instalaciones de sistemas de regulación y control para mantener las condiciones de diseño y ajustar los consumos de energía.
d. Contabilizar los consumos energéticos para permitir el reparto de gastos entre distintos usuarios.
e. Recuperar la energía térmica de los fluidos que se evacuan hacia el exterior.
f. Emplear las energías renovables para cubrir, por lo menos, una parte de la demanda energética del edificio.

1.2.6. Operaciones mecánicas en el mantenimiento de instalaciones

Las operaciones mecánicas en el mantenimiento de IST son las operaciones mecánicas de mantenimiento en tuberías, valvulería, captadores, intercambiadores, acumuladores…

Asimismo, en capítulos posteriores se detallan las herramientas necesarias para estas operaciones, así como para cumplir las medidas de seguridad pertinentes.

Se van a clasificar según el elemento referido o la acción que previenen, ya sea que se esté en el circuito primario o secundario:

- Captador. El captador solar, que se agrupa en baterías de captadores, puede estar sometido a diferentes operaciones mecánicas de ajuste.

  Los elementos de un captador solar son la carcasa, el absorbedor, el aislamiento y la cubierta.

  Se debe aclarar un punto: se va a hablar de elementos interiores del captador, los cuales no solo no son fácilmente accesibles, sino que, si el equipo está en garantía, desmontarlos sin el permiso del fabricante implica pérdida automática de la garantía.

Se pueden, sin embargo, hacer mediciones de manera indirecta, para comprobar que hay alguna anomalía, y que es necesario realizar estas operaciones mecánicas de mantenimiento y comprobación. Esto es válido para todos los equipos de la instalación.

La cubierta debe favorecer el efecto invernadero y la reflexión de los rayos solares para aumentar el rendimiento del captador; de la misma manera, debe asegurar la estanqueidad entre el interior y el exterior.

Es por ello, que el sellado de este es una operación importante. Las posibles deformaciones debidas a los sucesivos ciclos de temperatura que afectan a las juntas que hacen la unión y las roturas por impactos pueden afectar a la cubierta.

Hay que tener en cuenta los lugares donde se registran fuertes heladas o el viento sopla considerablemente, por la acción mecánica que sufre la cubierta.

El absorbedor es un elemento interior del captador; un fallo en este, cuando el captador está en garantía, implica que es necesario hablar con el fabricante para su reemplazo o que se reemplace el captador.

En caso de haber detectado, por pérdida del caudal de paso y bajada del salto de temperatura a su paso, problemas en el mismo, deberá desmontarse.

En caso de tener revestimiento, se puede proceder, cumpliendo todas las normas ambientales preceptivas, a pintar la superficie selectiva (solo si es el tratamiento que tienen), para lo cual hay que desmontar el captador.

Se va a incluir como operación mecánica una que se encuadra en el mantenimiento predictivo, la termografía (equivale a una «radiografía térmica» de la instalación), que se utiliza para detectar anomalías en la distribución del absorbedor; es aplicable a más elementos, como ya se verá.

El absorbedor tiene una capa de aislamiento que se puede separar fácilmente de él, una vez que se ha desmontado el captador.

La carcasa es el elemento del captador destinado a proteger y soportar sus elementos, y hacer de puente con el anclaje.

Se encuentra que diversos problemas, principalmente la corrosión, pueden llevar a que sea desmontada.

En general, el desmontaje del captador para su reparación o la búsqueda de alguna anomalía, al agruparse en conjunto de baterías de al menos dos captadores, hay que tener en cuenta que es necesario desenroscar todas las piezas de fontanería que las unen (rácords, entronques macho-hembras, enlaces cónicos...], para lo cual se ha de aislar hidráulicamente el circuito [se indicarán varios esquemas de ello en un capítulo posterior] y poder operar con facilidad.

También se citarán las operaciones para el tapado y destapado de los captadores, en caso de tener que prevenir sobrecalentamiento.

Es importante haber seguido las recomendaciones de uso del fabricante y la normativa en la instalación de la batería de captadores, ya que, para poder aislar sin problemas, es necesario haber situado llaves de corte en cada tramo, así como que todas las conexiones sean desmontables.

- Estructura. Las estructuras que soportan los captadores suelen ser de acero normalizado, como mínimo, son cortadas y taladradas y, después de ello, galvanizadas. El proceso asegura mejor previsión ante la corrosión, por estar a la intemperie. También es recomendable que se use tornillería de acero inoxidable.

  Sin embargo, durante los años de operación de la instalación, se encuentran problemas de corrosión en las estructuras y tornillos, así como impactos, vientos o nieves, que afectan a las estructuras tanto como a los captadores.

  Las operaciones necesarias para mantener las estructuras son el recambio de la tornillería o su apriete, el zincado en frío, la comprobación mediante nivel de que los dados de hormigón que la soportan no han sufrido movimientos o desgastes...

- Fluido de trabajo. El fluido de trabajo puede ser agua o agua con anticongelante, como es más común, o incluso otros líquidos [o aire, como en el tubo de vacío].

  Dentro de las operaciones para su mantenimiento, se encuentra que es importante tanto que la proporción de agua con anticongelante [se comprueba midiendo la densidad y pH] se mantenga como que no haya fugas en el circuito para que no se derrame, y comprobar que la válvula de llenado automático cumpla su función.

  En caso de una fuga en el circuito, se debe aislar, para poder repararla, si es necesario, mediante soldadura o con un manguito de empalme.

  La válvula de llenado automático, si está bien instalada, suele tener una llave de corte anterior para poder aislar y reparar sin complicaciones

- Circuito hidráulico primario. Al referirse a este circuito, se incluye la conducción de tuberías y su valvulería.

Se verán más adelante esquemas en los que se encuentran situaciones en las que se pierde la estanqueidad en puntos del circuito; en cada caso, solo hay que aislar, y reparar, ya sean piezas roscadas o soldadas.

Para las válvulas, hay que abrir y cerrar las llaves, acción que evita agarrotamientos.

Revisar el tarado de la válvula de seguridad también es una operación mecánica de mantenimiento.

También es necesario revisar y, si es necesario, sustituir (va enroscado) el purgador, para evitar la formación de burbujas en el circuito.

- Bombas. Las operaciones mecánicas de mantenimiento de la bomba van destinadas a preservar su estanqueidad.

  La bomba permitirá efectuar de forma simple la operación de desaireación o purga.

  En caso de desmontarla, se habrán de tener en cuenta sus conexiones (válvula antirretorno, corte, manómetro) para no cambiar ni la configuración, ni la presión de apriete.

- Intercambiador de placas. Sus operaciones relacionadas son las de limpieza y la medición de su eficiencia. Es importante revisar los manguitos electrolíticos que lleva en cada orificio para evitar la electrólisis, y las válvulas de corte.

- Acumulador. Los depósitos de acumulación deben tener boca de hombre para poder ser registrables y poder efectuar las operaciones de limpieza e inspección correspondientes.

  También es importante comprobar el desgaste del ánodo de sacrificio para evitar corrosión, en su caso.

  El aislamiento del acumulador es importante, hay que comprobar la ausencia de roturas y humedades.

- Sistema auxiliar. El sistema auxiliar solo se accionará cuando sea necesario; interesa comprobar que sus conexiones están estancas, no hay fugas, y que el sistema salta cuando se le dan las consignas necesarias.

  En caso de haber alguna válvula de tipo manual, que se cambia por estaciones, es bueno abrirla y cerrarla de vez en cuando, para que no quede obstruida por falta de uso.

  Dentro del sistema auxiliar, las operaciones de mantenimiento del sistema de control, el mismo que controla las bombas de recirculación, son imprescindibles para el buen funcionamiento; se hará referencia a ellas en el mantenimiento eléctrico.

1.2.7. Operaciones eléctricas de mantenimiento de circuitos

Se han expuesto las operaciones mecánicas de mantenimiento de instalaciones; en ellas se ha hablado de operaciones en elementos de alimentación eléctrica, ahora se van a describir las operaciones en el circuito eléctrico de estos.

Con una complejidad mayor o menor, todas las instalaciones están provistas de elementos eléctricos (electromecánicos) y electrónicos.

Se tendrán por una parte los equipos termosifónicos, que no precisan de bombas de recirculación; únicamente llevan la alimentación de una sonda tipo PT-100 para un termómetro digital.

Es, en este caso, el único equipo de la instalación que va a necesitar mantenimiento eléctrico; el cable de la sonda, aunque no lleva alimentación y, por lo tanto, no esté sometido a riesgo eléctrico, también deberá someterse a mantenimiento.

Las operaciones de mantenimiento eléctrico para este equipo serán mínimas.

Por otra parte, las instalaciones de mayor complejidad son aquellas cuya finalidad es incluso la de cubrir la demanda de más de una aplicación y cuyos elementos tienen múltiples equipos que alimentar y un sistema de control más desarrollado.

Los componentes de la instalación que suelen necesitar operaciones de mantenimiento eléctricas, ya sean preventivas o correctivas, son:

- Bombas de recirculación
- Válvulas motorizadas
- Contadores térmicos y eléctricos
- Caudalímetros
- Disipadores de calor
- Ánodos de sacrificio
- Termostatos
- Reguladores horarios
- Cableado
- Sondas (no llevan corriente considerable)
- Cuadro eléctrico

En general, son equipos eléctricos que están conectados al equipo de control de la instalación.

El equipo de control de la instalación, los denominados PLC (*logic programable control*), y sus elementos (sensores, cables), también se incluyen dentro de estas operaciones.

En general, siempre se trabaja con tensiones de 230 V monofásicas. Rara vez se trabaja en 380 V y con tensión trifásica; si acaso, en bombas de elevado caudal.

En lo que refiere al funcionamiento eléctrico de estos elementos, hay que comprobar que los aparatos tienen alimentación mediante el multímetro, así como la puesta a tierra para evitar derivaciones.

En caso de avería, se tendrá que desmontar el elemento en cuestión, comprobar primero que no hay corriente, para que no haya posibilidad de sufrir una descarga eléctrica, e ir descartando posibilidades (mala conexión de cableado, fusibles, obstrucciones...).

En general, además de los ensayos eléctricos propiamente dichos, se realizará una inspección visual de los equipos comprobando vibraciones, calentamientos excesivos, defectos mecánicos de los materiales, etcétera.

En cualquier caso y de acuerdo con la ITC-BT-19, punto 2.9, las instalaciones deberán presentar una resistencia de aislamiento al menos igual a los valores indicados en la tabla siguiente:

Tabla 1.1. Valores mínimos de resistencia de aislamiento

Tensión nominal de la instalación	Tensión de ensayo en corriente continua (vcc)	Resistencia de aislamiento MΩ
Muy Baja Tensión de Seguridad (MBTS)	250 VCC	≥0,25
Muy Baja Tensión de Protección (MBTP)	250 VCC	≥0,25
Inferior o igual a 500 v excepto casos anteriores	500 VCC	≥0,50
Superior a 500 v	1000 VCC	≥1,0

Estos valores de aislamiento se entienden para longitudes iguales o menores de 100 metros. Para longitudes mayores se admite que el valor de la resistencia de aislamiento sea, en relación al valor que le corresponda, inversamente proporcional a la longitud total, en hectómetros, del cable.

Se revisan algunas operaciones en estos componentes:

- Cuadros eléctricos.

  Respecto a los cuadros eléctricos, hay una serie de operaciones de mantenimiento en sus elementos a tener en cuenta:

  — Comprobar los interruptores diferenciales, que ofrecen la protección contra corrientes de defecto hacia tierra.

  — Comprobar las variaciones máximas admitidas de tensión y frecuencia, que serán de +5 % sobre el valor nominal.

  — Comprobar que todos los cables se siguen ubicando dentro de canaletas provistas de tapa desmontable. Los de fuerza irán en canaletas distintas en todo el recorrido de esta para los cables de mando y control.

  — Comprobar los interruptores automáticos magnetotérmicos y contactores.

  Los cuadros se someterán en fábrica a una serie de ensayos para comprobar que están libres de defectos mecánicos y eléctricos, estas características se deben conservar:

  — Medición de la resistencia de aislamiento con relación a tierra y entre conductores, que tendrá un valor de al menos 1000 ohmios por voltio de tensión nominal, con un mínimo de 250 000 ohmios.

  — Prueba de la rigidez dieléctrica, que se efectuará aplicando una tensión igual a dos veces la tensión nominal más 1000 voltios, con un mínimo de 1500 voltios, durante un minuto a la frecuencia nominal. Este ensayo se realizará entre conductores, incluido el neutro, y entre estos y tierra, estando los aparatos de interrupción cerrados y los cortacircuitos instalados como en servicio normal.

  — Inspección visual de todos los aparatos, comprobando el funcionamiento mecánico de todas las partes móviles.

  — Se pondrá el cuadro bajo tensión y se comprobará que todos los relés actúan correctamente.

  — Calibrado y ajuste de todas las protecciones de acuerdo con los valores suministrados al fabricante.

  Antes de la recepción provisional, los cuadros se limpiarán de polvo, pintura, cascarillas y de cualquier material que pueda haberse acumulado durante el curso de la obra en su interior o al exterior.

- Red de tierras

  Esta instalación dispondrá de una red de tierras, a la que se unirán las masas metálicas de la instalación no sometidas a tensión eléctrica, bombas, cuadros eléctricos, etcétera.

  La puesta a tierra de los equipos se realizará mediante conductores aislados, con origen en las barras generales de tierra del mismo cuadro del que parten las alimentaciones para dichos consumos.

- Cables eléctricos

  Se debe comprobar que la máxima caída de tensión en servicio será igual o inferior al 5 % de la tensión nominal entre el origen de la instalación y cualquier punto de utilización.

  La caída de tensión se calculará considerando alimentados todos los aparatos susceptibles de funcionar simultáneamente.

  Se comprobará que todas las conexiones de los cables han sido realizadas correctamente y llevan las identificaciones adecuadas.

  La comprobación de los cables comprenderá:

  — La comprobación de la continuidad de los conductores.

  — La medida de la resistencia de aislamiento. Esta se realizará con un «Megger». Si el cable es de 0,6/1 kV la tensión de prueba será 1000 V. La medida se realizará entre conductores y entre cada conductor y con el equipo desconectado.

1.2.8. Equipos y herramientas usuales

Los equipos y herramientas más usuales para el mantenimiento de estas instalaciones, se pueden clasificar en varios grupos:

- Equipos de medida: termómetros, manómetros, caudalímetros, contadores, polímetro, medidor de aislamiento, flexómetro, útiles de marcaje.

  Ya se ha hablado de algunos de estos equipos, ahora se va a comentar algo del resto:

— Útil de medida

Calibre o pie de rey
APLICACIÓN: – Comprobación de las secciones de los conductores.
CARACTERÍSTICAS TÉCNICAS: – División de escala o incertidumbre igual o menor de 0,1 mm. – Campo de medida mínimo de 100 mm.
REQUISITOS DE MANTENIMIENTO: no tiene requisitos específicos.
REQUISITOS DE CALIBRACIÓN: – No requiere calibración si se sustituye por una verificación. – Se debe realizar una verificación periódica interna o externa para comprobar el correcto estado del pie de rey, que no está doblado ni deformado, que la boca móvil se desplaza suavemente mediante el tornillo del nonius y que las divisiones de escala son legibles.
CRITERIOS DE ACEPTACIÓN Y RECHAZO: – Mantenerlo en buen estado de uso, lo cual se comprobará en cada verificación periódica.

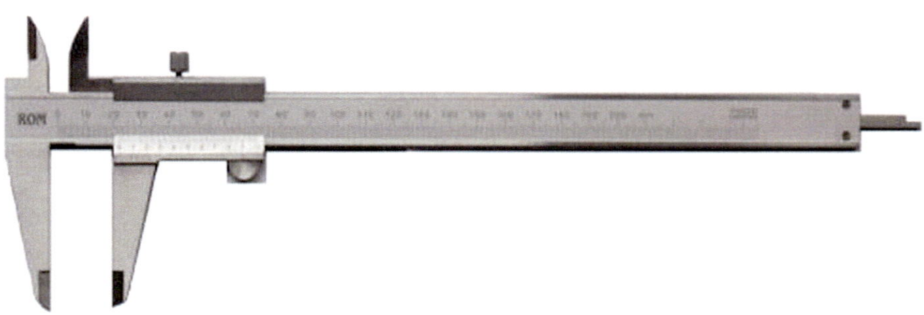

Figura 1.11. Pie de rey, cortesía de Enerenova.

— Medidor de aislamiento.

En el Reglamento Electrotécnico de Baja Tensión (REBT), se especifican las características de este equipo de medida:

Megóhmetro o medidor de resistencia de aislamiento
APLICACIÓN: – La medida de la resistencia de aislamiento de una instalación. – Medida de la resistencia de aislamiento en instalaciones MBTS, MBTP. – Medida de la resistencia de aislamiento de cables y folios radiantes respecto a tierra. – Medida de la resistencia de aislamiento en paredes y suelos en locales no conductores. – Medida de la resistencia de suelos en quirófanos y salas de intervención.

Megóhmetro o medidor de resistencia de aislamiento
CARACTERÍSTICAS TÉCNICAS: – Campo de medida mínimo de 50 kΩ a 100 MΩ. Tensiones de prueba como mínimo de 250 V, 500 V y 1000 V, en corriente continua. – El megóhmetro debe ser capaz de inyectar al menos 1mA para una tensión de prueba de 250 V y con una resistencia de carga de 0,25 MΩ. – Debe ser capaz de inyectar al menos 1mA para una tensión de prueba de 500 V y con una resistencia de carga de 0,50 MΩ. – Debe ser capaz de inyectar al menos 1mA para una tensión de prueba de 1000 V y con una resistencia de carga de 1,0 MΩ. – Exactitud básica mejor o igual del 30% para el campo de medida entre 50 kΩ a 100 MΩ. – Exactitud de la tensión de prueba con la corriente de 1mA, mejor o igual del 10 %.
REQUISITOS DE MANTENIMIENTO: no tiene requisitos específicos (los fabricantes marcan requisitos específicos).
REQUISITOS DE CALIBRACIÓN: – Calibración en todo el rango de medida de resistencia para las tres tensiones. – Calibración de las tensiones de salida de 250 V, 500 V, y 1000 V, con la resistencia de carga necesaria en cada caso para que la intensidad sea de 1 mA. – Plazo recomendado: entre 12 y 24 meses, según la frecuencia de uso.
CRITERIOS DE ACEPTACIÓN Y RECHAZO: – El plazo inicial de calibración será de 12 meses hasta que se disponga de un historial suficiente que justifique su ampliación progresiva hasta un máximo de 24 meses. – En la mayoría de los casos basta comprobar que las desviaciones certificadas en la calibración serán menores que la exactitud básica especificada en las características técnicas, ya que la incertidumbre de calibración debe ser pequeña (menor de la cuarta parte de la exactitud básica especificada). – Cuando la incertidumbre de calibración no sea menor de la cuarta parte de la exactitud básica especificada para el equipo el criterio de aceptación será comprobar si la suma de las desviaciones certificadas en la calibración (en valor absoluto) más la incertidumbre es menor que esta exactitud básica.
OBSERVACIONES: – No tiene que ser necesariamente un equipo individual, sino que puede venir integrado en un equipo multifunción denominado comprobador de baja tensión. El equipo puede disponer de accesorios para medir la resistencia de aislamiento de suelos y paredes. – Norma de referencia para el fabricante del equipo: UNE-EN 61557-2.

— Flexómetro

Flexómetro (cinta métrica)
APLICACIÓN: – Medida de distancias y alturas por ejemplo en el montaje de redes aéreas de distribución de energía eléctrica.
CARACTERÍSTICAS TÉCNICAS: – División de escala o incertidumbre igual o menor de 1 mm. – Longitud mínima de 10 metros.
REQUISITOS DE MANTENIMIENTO: no tiene requisitos específicos.
REQUISITOS DE CALIBRACIÓN: – No requiere calibración si se sustituye por una verificación. – Se debe realizar una verificación periódica que puede ser interna o externa, por ejemplo por comparación con un flexómetro calibrado, comprobando también que los trazos y números son legibles.
CRITERIOS DE ACEPTACIÓN Y RECHAZO: – Mantenerlo en buen estado de uso, sin cortes y con los trazos y números legibles. – El error de medida obtenido en la verificación no debe ser mayor de 1mm.

Figura 1.12. Flexómetro, cortesía de Enerenova.

- Herramientas de uso manual:
  - — Sierra de arco
  - — Sierra de calar
  - — Cortafrío
  - — Destornilladores
  - — Llaves fijas

— Llave regulada

— Alicates

— Pelacables

— Equipo de soldadura (bombona, soplete...)

— Equipo de soldadura por arco

— Remachadora

— Curvadora

— Cepillo metálico

— Tijeras

— Roscadora

— Limas

— Papel de lija

— Taladradora

— Pulidora

— Atornillador eléctrico

— Equipos de soldadura

— Llaves fijas de todos los tamaños utilizados

— Llaves fijas de «boca de lagarto» para tubos

— Llaves ajustables o inglesas, normales y para tubos

— Llaves de cadena o de correa, para tubos de grandes diámetros

— Llaves hexagonales o llaves allen

— Cortatubos para los materiales utilizados

— Sierras de arco de 18 dientes por pulgada en sus hojas

— Escariadores

— Navajas

— Alicates del tipo conocido como «de gasista»

— Alicates de «pico de loro» y graduables

— Alicates para fijación o «de agarre»

— Muelles para curvado de tubos de pequeño diámetro

— Enderezadores-dobladores

— Curvadoras para diversos materiales

— Hileras y terrajas, fijas o ajustables

— Machos de roscar

— Desatascadores de tuberías

— Tornillos de banco y trípodes

— Ensanchadores

— Martillos y mazas

— Punzones

— Cinceles

— Retacadores

— Destornilladores rectos y cruciformes

— Sacabocados

— Limas y escofinas diversas

— Taladradores, percutores y pistolas clavadoras

— Matrices para derivaciones y collarines

— Reglas, cintas métricas, lápices

— Calibradores

— Escuadras y niveles

— Cinta de teflón

— Pistola de silicona

— Accesorios de trabajo en altura

— Luces alta eficiencia

— Alargadera

— Grupo electrógeno

— Medios mecánicos para elevación de equipos

1.2.9. Corrosión en las instalaciones solares térmicas

La corrosión es un proceso que se puede definir como de reacción entre dos elementos, creando degradación en estos.

La degradación primero es superficial, pero puede llegar a desgastar con mayor profundidad.

Según si se produce en medio húmedo o no, puede ser corrosión seca o húmeda/electroquímica.

Se va a establecer otra clasificación, según los agentes que intervienen en el proceso:

- Corrosión atmosférica. El acero a la intemperie se empieza a oxidar con una humedad del 50 %, que, combinado con la acción del SO_2 y NO_2, hace que la corrosión comience antes.
- Corrosión biológica. La crean ciertas bacterias, acelerando el proceso.
- Corrosión por erosión. Es creada por un fluido en movimiento a su paso, y se agrava al llevar partículas en suspensión.
- Corrosión química. Se produce al reaccionar los componentes disueltos en el fluido transportado o el propio fluido con los recipientes y tuberías que lo contienen. El caso más interesante es la incrustación calcárea (dureza del agua).
- La corrosión electrolítica se produce a través de una reacción de oxidación-reducción, en la que siempre interviene una corriente eléctrica, la cual se genera espontáneamente en los circuitos en los que entran a formar parte diferentes metales o aleaciones.

Se sucede cuando metales o aleaciones distintas están en contacto común con un líquido o disolución (es decir, están bañados por este) capaz de transportar la corriente eléctrica mediante el movimiento de iones en su seno, se manifiesta una diferencia de potencial entre ambos que mantiene una pequeña intensidad de corriente.

Para protegernos de la corrosión, se pueden tomar las siguientes medidas:

- Protección catódica, la cual se realiza utilizando un ánodo de sacrificio de magnesio, consistente en una barra situada en el interior del depósito. Al conectarse a corriente, atrae las corrientes de iones. Hay que cambiarla cada tres años, como máximo.
- Utilización de materiales plásticos. Estos deben poder resistir las condiciones de temperatura que marcan estas instalaciones. Ya se están generalizando

los plásticos en conducciones de agua hasta un límite de 60 °C o superiores. Es muy importante tener en cuenta que no todos son válidos y que depende del material en cuestión.

- Modificación del metal. Son los procesos de galvanizado, aluminizado, cincado, cadmiado y cromado.
- Recubrimientos protectores. Se realizan mediante el uso de pinturas y resinas epoxi (medio alcalino), resina alquídica (atmósferas suaves) o resina vinílica (medio ácido).

En las instalaciones solares, se ha de prestar atención a la corrosión en los siguientes elementos:

- Captador (absorbedor y condensaciones del captador)
- Estructura
- Depósito acumulador
- Intercambiador

En general, las incrustaciones calcáreas afectan a toda la instalación; se dan cuando el agua de la instalación lleva una concentración de sales superior a la normal.

En los circuitos cerrados no hay que preocuparse por este problema, pero en circuitos abiertos, surge la necesidad de añadir aditivos que mitiguen el problema, hacer limpiezas periódicas, incluso mediante un descalcificador magnético, disminuir el efecto de la dureza del agua hasta un 20 %.

1.2.10. Mantenimiento preventivo para el control de la legionelosis

La legionelosis es una enfermedad bacteriana de origen ambiental que suele presentar dos formas clínicas diferenciadas: la infección pulmonar o también llamada enfermedad del legionario, que se caracteriza por neumonía con fiebre alta, y la forma no neumónica, conocida como fiebre de Pontiac, que se manifiesta como un síndrome febril agudo y de pronóstico leve. En ambas situaciones puede presentarse en forma de brotes o de casos aislados o esporádicos.

La *Legionella* es una bacteria ambiental capaz de sobrevivir en un amplio intervalo de condiciones físico-químicas, multiplicándose a temperaturas entre 20 y 50 °C. Su temperatura óptima de crecimiento se da entre los 35 y 37 °C, a partir de 50 °C ya no se multiplica y a partir de 70 °C muere de manera instantánea. Por debajo de 20 °C, se encuentra en estado latente.

Su nicho ecológico natural son las aguas superficiales, como lagos, ríos, estanques, formando parte de su flora bacteriana sin descartar el agua de mar. Desde estos reservorios naturales, la bacteria puede colonizar los sistemas de abastecimiento y, a través de la red de distribución de agua, se incorpora a los sistemas de agua sanitaria (fría o caliente) u otros sistemas que requieren agua para su funcionamiento, como las torres de refrigeración.

La presencia de agua contaminada con la bacteria en instalaciones mal diseñadas, mal instaladas, sin mantenimiento, o con un mantenimiento inadecuado, favorece el estancamiento del agua y la acumulación de productos nutrientes.

En lo que respecta a las IST, la proliferación y dispersión de la legionela tiene una probabilidad:

- Mayor: sistemas de agua caliente sanitaria con acumulador y circuito de retorno.
- Menor: sistemas de instalación interior de agua fría de consumo humano, tuberías, depósitos o aljibes, cisternas o depósitos móviles y agua caliente sanitaria sin circuito de retorno.

La normativa vigente relacionada con la legionela y las instalaciones de agua son:

- Real Decreto 487/2022, de 21 de junio, por el que se establecen los requisitos sanitarios para la prevención y el control de la legionelosis.
- Real Decreto 140/2003, de 7 de febrero, por el que se establecen los criterios sanitarios de la calidad del agua de consumo humano.
- Orden SCO/317/2003, de 7 de febrero, por la que se regula el procedimiento para la homologación de los cursos de formación del personal que realiza las operaciones de mantenimiento higiénico sanitario de las instalaciones objeto del Real Decreto 909/2001, de 27 de julio.
- Guía técnica para la Prevención y Control de la Legionelosis en instalaciones, publicada por el Ministerio de Sanidad, Capítulo 3: Sistemas de Agua Caliente Sanitaria.
- Norma UNE 100030:2023: Prevención y control de la proliferación y diseminación de *Legionella* en instalaciones.

Se hace constar que están incluidos todos los tipos de instalaciones de agua caliente sanitaria para usos singulares, y aunque están excluidas del ámbito de aplicación las instalaciones ubicadas en edificios dedicados al uso exclusivo de vivienda, también se pueden adoptar medidas para estas instalaciones.

En la fase de diseño de los sistema de agua caliente sanitaria se deben tener en cuenta como mínimo los siguientes aspectos:

- Todos los sistemas, equipos y componentes se diseñarán para poder efectuar y soportar tratamientos de choque térmico a una temperatura de 70 °C. El sistema de calentamiento debe ser capaz de elevar la temperatura del agua hasta 70 °C o más para su desinfección.
- Se debe calcular la instalación de forma que la temperatura del agua permanezca en todo punto de la instalación por encima de 50 °C. Para ello, es necesario aislar térmicamente equipos, aparatos y tuberías.
- Cuando se prevean equipos y aparatos en reserva, deben aislarse mediante válvulas de corte de cierre hermético y deben estar equipados con una válvula de drenaje situada en el punto más bajo.
- Con el fin de impedir la estratificación del agua y evitar que se mantenga un volumen de agua templada, los depósitos deben tener una elevada relación altura/diámetro y deben ser instalados verticalmente. Si se prevén varios depósitos, la conexión deberá hacerse en serie.
- Se debe garantizar la total estanqueidad y la correcta circulación del agua, evitando su estancamiento, así como disponer de suficientes puntos de purga para vaciar completamente la instalación, que estarán dimensionados para permitir la eliminación completa de los sedimentos.
- Si existe depósito de acumulación de agua fría, se debe garantizar que esta mantenga un valor mínimo de desinfectante residual. Si es preciso, se debe establecer un circuito de recirculación con un control automático de la concentración de cloro o cloro/pH según se ha indicado en el apartado anterior.
- Los equipos deben ser fácilmente accesibles para su inspección, limpieza, desinfección y toma de muestras.
- Según la norma UNE 100030:2023 sobre prevención de la legionelosis, cuando exista necesidad de acumulación de agua fría se deberían instalar dos depósitos en paralelo, por lo menos, para permitir la limpieza de uno mientras el otro o los demás están en servicio.
- Si la instalación interior de agua fría de consumo humano dispone de depósitos, estos estarán tapados con una cubierta impermeable que ajuste perfectamente y que permita el acceso al interior. Si se encuentran situados al aire libre, estarán térmicamente aislados. Los depósitos deberán instalarse por encima del nivel del alcantarillado y dispondrán de desagüe que permita su total vaciado. Si por necesidades del proyecto los depósitos se

ubican por debajo del nivel de la red de alcantarillado, deberán disponer de sistemas de bombeo que permitan vaciar totalmente la instalación. La descarga del agua potable a la red de alcantarillado se realizará de forma que no exista conexión física entre ambas redes.

Una aclaración con respecto a las recomendaciones incluidas que deben cumplirse según normativa con los sistemas de agua fría, ya que solo hay que tener en cuenta estas recomendaciones para la parte afectada a la IST.

Asimismo, durante la fase de montaje y puesta en marcha, hay que tener en cuenta:

- Se evitará la entrada de materiales extraños.
- Se realizará una limpieza y desinfección previa a su puesta en marcha.
- Hay que prevenir la formación de zonas con estancamiento de agua que pueden favorecer el desarrollo de la bacteria, así por ejemplo, la tubería de acometida de agua a la cabeza difusora y la misma cabeza deben quedar vacías cuando las duchas o grifos no estén en uso.
- Las tuberías de agua fría deben estar suficientemente alejadas de las de agua caliente o, en su defecto, aisladas térmicamente para poder mantener la temperatura del agua en el circuito de agua fría lo más baja posible, procurando, donde las condiciones climatológicas lo permitan, una temperatura inferior a 20 °C.
- Se debe instalar un sistema de válvulas de retención, según la norma UNE-EN 1717, que eviten retornos de agua por pérdida de presión o disminución del caudal suministrado y en especial, cuando sea necesario para evitar mezclas de agua de diferentes circuitos, calidades o usos.

Una vez que la IST llega a su fase de operación y mantenimiento, hay que seguir una serie de recomendaciones básicas relacionadas con las citadas anteriormente:

- Se debe evitar el estancamiento del agua, ya que favorece la proliferación de microorganismos, especialmente en tuberías de desviación, equipos y aparatos en reserva, tramos de tuberías con fondo ciego, etcétera.
- Purgar al menos semanalmente las válvulas de drenaje de las tuberías y de los acumuladores, y abrir los grifos y duchas de instalaciones no utilizadas, dejando correr el agua unos minutos.
- La temperatura en los depósitos, o al menos en el último (cuando haya varios conectados en serie), no debe de disminuir de 60 °C. La temperatura en

los grifos y elementos terminales no debe disminuir de 50 °C y como máximo se debe alcanzar en un período aproximado de un minuto, con el fin de evitar acumulaciones de agua estancada a temperaturas de riesgo de proliferación de bacterias. En los sistemas que disponen de válvula mezcladora, se deberá garantizar al menos 50 °C antes de la propia válvula.

- Esta temperatura es un compromiso entre la necesidad de ofrecer un nivel de temperatura aceptable para el usuario, para prevenir el riesgo de quemaduras, y la de alcanzar una temperatura suficiente para reducir la multiplicación de la bacteria.

Se deberán realizar revisiones periódicas, en las cuales se comprobará el correcto funcionamiento de la IST y su buen estado de conservación y limpieza.

La revisión general del funcionamiento de la instalación incluye todos los elementos, así como los sistemas utilizados para el tratamiento de agua.

A continuación, se indica una tabla con la actuación y la periodicidad adecuada:

Tabla 1.2. Revisión del funcionamiento de la instalación

Elemento	Periodicidad
Funcionamiento de la instalación: realizar una revisión general del funcionamiento de la instalación, incluyendo todos los elementos, reparando o sustituyendo aquellos elementos defectuosos	Anual
Estado de conservación y limpieza de los depósitos y acumuladores: debe comprobarse mediante inspección visual que no presentan suciedad general, corrosión o incrustaciones	Trimestral
Estado de conservación y limpieza de los puntos terminales (grifos y duchas): debe comprobarse mediante inspección visual que no presentan suciedad general, corrosión o incrustaciones. Se realizará en un número representativo, rotatorio a lo largo del año, de forma que al final del año se hayan revisado todos los puntos terminales de la instalación	Mensual
Purga de válvulas de drenaje de tuberías	Mensual
Purga del fondo de acumuladores	Semanal
Apertura de grifos y duchas de instalaciones no utilizadas, dejando correr el agua unos minutos	Semanal
Control de temperatura en depósitos acumuladores y una muestra representativa de grifos centinela	Diario
Filtros y equipos de tratamiento de agua	Mensual
Equipos de desinfección del agua: comprobar su correcto funcionamiento	Diario

En general, se revisará el estado de conservación y limpieza, con el fin de detectar la presencia de sedimentos, incrustaciones, productos de la corrosión, lodos, y cualquier otra circunstancia que altere o pueda alterar el buen funcionamiento de la instalación.

Si se detecta algún componente deteriorado, se procederá a su reparación o sustitución.

Si se detectan procesos de corrosión, se sustituirá el elemento afectado y, conjuntamente, se realizará, si es preciso, un tratamiento preventivo adecuado para evitar que estos procesos vuelvan a reproducirse.

Durante las operaciones de revisión y mantenimiento se tendrá siempre presente que el agua que se envíe a consumo humano deberá cumplir en todo momento con los parámetros y criterios establecidos en la legislación de aguas de consumo humano.

Se revisará también la calidad físico-química y microbiológica del agua del sistema determinando los siguientes parámetros:

Tabla 1.3. Operaciones de mantenimiento del agua

Parámetro	Método de análisis	Periodicidad
Control de temperatura de elementos terminales (grifos y duchas), en el depósito y en puntos significativos de la red de distribución	Termómetro/termómetro de inmersión en lectura directa	Mensual
Control depósitos de y temperatura acumuladores	Termómetro	Diario
Legionella sp	Según ISO 11731 Calidad del agua. Detección y enumeración de *Legionella* sp	MÍNIMO ANUAL (Especificar periodicidad según el apartado 5. Evaluación de Riesgo). En instalaciones especialmente sensibles tales como hospitales, residencias de ancianos, balnearios, etc. la periodicidad mínima recomendada es trimestral y en establecimientos lúdicos, turísticos y deportivos la periodicidad mínima recomendada es semestral.
Nivel de cloro residual. En puntos terminales	Medidor de cloro libre o combinado de lectura directa o colorímetro (DPD)	Diario
pH	Medidor de pH de lectura directa o colorímetro	Diario

Se incluirán, si fueran necesarios, otros parámetros que se consideren útiles en la determinación de la calidad del agua o de la efectividad del programa de tratamiento del agua.

Todas las determinaciones deben ser llevadas a cabo por personal experto y con sistemas e instrumentos sujetos a control de calidad, con calibraciones adecuadas y con conocimiento exacto para su manejo y alcance de medida.

Los ensayos de laboratorio se realizarán en laboratorios acreditados o que tengan implantados un sistema de control de calidad. En cada ensayo se indicará el límite de detección o cuantificación del método utilizado.

Limpieza y desinfección

Durante la realización de los tratamientos de desinfección se han de extremar las precauciones para evitar que se produzcan situaciones de riesgo tanto entre el personal que realice los tratamientos como todos aquellos ocupantes de las instalaciones que se van a tratar.

En general, para los trabajadores se cumplirán las disposiciones de la Ley de Prevención de Riesgos Laborales y su normativa de desarrollo. El personal deberá haber realizado los cursos autorizados para la realización de operaciones de mantenimiento higiénico-sanitario para la prevención y control de la legionelosis, Orden SCO 317/2003, de 7 de febrero.

Se pueden distinguir tres tipos de actuaciones en la instalación:

1. **Limpieza y programa de desinfección de mantenimiento.**

   Se realizarán las siguientes actuaciones:

   a. Instalaciones de ACS con lavabos y sin duchas ni otros elementos que produzcan aerosoles:

      - Analítica de legionela anual y en caso de detectar presencia, realizar una limpieza y desinfección según protocolos.
      - Requisitos de temperaturas: el control de la temperatura se realizará diariamente en los depósitos finales de acumulación, en los que la temperatura no será inferior a 60 °C, y mensualmente en un número representativo de grifos y duchas (muestra rotatoria), incluyendo los más cercanos y los más alejados de los acumuladores, no debiendo ser inferior a 50 °C. Al final del año se habrán comprobado todos los puntos finales de la instalación.

b. Instalaciones con generador de calor instantáneo y sin depósito acumulador con duchas u otros elementos que produzcan aerosoles:

- Al menos una vez al año, los elementos desmontables, como grifos y duchas, se limpiarán a fondo con los medios adecuados que permitan la eliminación de incrustaciones y adherencias. Se sumergirá en una solución que contenga 20 mg/l de cloro residual libre, durante 30 minutos, aclarando posteriormente con abundante agua fría; si por el tipo de material no es posible utilizar cloro, se deberá utilizar otro desinfectante apto para su uso en agua fría de consumo humano. Los elementos difíciles de desmontar o sumergir se cubrirán con un paño limpio impregnado en la misma solución durante el mismo tiempo y posteriormente se aclarará con agua fría.
- Se realizará análisis de legionela con periodicidad mínima anual. Si el resultado es positivo, se realizará una desinfección, térmica o química, de la red de ACS. Aproximadamente quince días después se realizará analítica de legionela para comprobar la efectividad de la desinfección.
- Se realizará el requisito de temperaturas para los elementos terminales indicado en el apartado anterior.

c. Instalaciones con acumulador y sin circuito de retorno (con duchas o elementos que producen aerosoles). Se debe tener en cuenta tanto la capacidad como la accesibilidad y otras variables que se describen en la siguiente tabla:

Tabla 1.4. Instalaciones con acumulador y sin circuito de retorno

	<300 L	**300-750 L**	**>750 L**
Accesibilidad	Recomendable	Mínimo boca de mano	
Temperatura de operación	Mantener la T>60 °C en depósito	Mantener la T>60 °C en depósito	Mantener la T>60 °C en depósito
	Alcanzar T>50 °C en puntos terminales aproximadamente 1 minuto	Alcanzar T>50 °C en puntos terminales aproximadamente 1 minuto	Alcanzar T>50 °C en puntos terminales aproximadamente 1 minuto
Limpieza	A través de la purga (*)	Anual	Anual
Desinfección periódica	Mínimo anual recomendado térmica mensual (70 °C)	Mínimo anual recomendado térmica mensual (70 °C)	Mínimo anual recomendado térmica mensual (70 °C)
Purga	Mínimo semanal (*)	Mínimo semanal. Disponer de desagüe purga específica en el punto más bajo	Mínimo semanal. Disponer de desagüe purga específica en el punto más bajo

(*): En estos depósitos (< 300 litros) cuando la purga coincida con la salida de agua a los puntos de consumo (grifos y duchas) la propia frecuencia de uso (mínimo semanal) permite la renovación frecuente del agua y minimiza la acumulación de suciedad en el fondo y la paredes del depósito.

Además, se realizarán las pruebas indicadas en el apartado anterior.

d. Instalaciones con acumulador y circuito de retorno (con duchas o elementos que producen aerosoles). Se debe tener en cuenta tanto la capacidad como la accesibilidad y otras variables que se describen en la siguiente tabla:

Tabla 1.5. Instalaciones con acumulador y circuito de retorno

	750 L	>750 L
Accesibilidad	Mínimo boca de mano	Obligatorio>400 mm, boca de hombre
Temperatura de operación	Mantener la T>60 °C en depósito	
	Alcanzar T50 °C en puntos terminales aproximadamente 1 minuto	
Limpieza	Anual	
Desinfección periódica	Mínimo anual recomendado térmica mensual (70 °C)	
Purga	Mínimo semanal. Disponer de desagüe purga específica en el punto más bajo	

En todos los casos se realizará desinfección anual, térmica o química, de la red completa de ACS, incluyendo acumulador, red de impulsión, red de retorno y elementos terminales.

Se realizará análisis de legionela con periodicidad mínima anual en instalaciones especialmente sensibles, tales como hospitales, residencias de ancianos, balnearios, etcétera.

La periodicidad mínima recomendada es trimestral, y en establecimientos lúdicos, turísticos y deportivos la periodicidad mínima recomendada es semestral.

Si se detecta presencia de legionela, se realizará una desinfección, química o preferiblemente térmica, de toda la instalación de ACS (acumulador, redes y elementos terminales) según protocolos.

Aproximadamente quince días después se realizará analítica de legionela para comprobar la efectividad de la desinfección, se deben cumplir los requisitos de temperaturas establecidos en los apartados anteriores.

Además, todas las instalaciones de agua caliente sanitaria se limpiarán y desinfectarán cuando se ponga en marcha la instalación por primera vez, tras una parada superior a un mes, tras una reparación o modificación estructural, cuando una revisión así lo aconseje o cuando lo determine la Autoridad Sanitaria.

2. **Limpieza y desinfección de choque.**

La desinfección anual de choque en caso de detección de legionela de las instalaciones de agua caliente sanitaria se realizará mediante uno de los protocolos que figuran en la siguiente tabla:

Tabla 1.6. Protocolo limpieza y desinfección de choque

Desinfección química	Desinfección térmica
En el caso de usar cloro: – En el caso de existencia de depósito, clorar el agua del mismo con 20-30 mg/l de cloro residual libre, manteniendo el agua por debajo de 30 °C y con un pH de 7-8, haciendo llegar a todos los puntos terminales de la red 1-2 mg/l de cloro. Si no existen depósitos, se entiende que debe clorarse el sistema para llegar a 1-2 mg/l en puntos de consumo, no existiendo obligación de alcanzar 20-30 mg/l. – Se mantendrá un período de 3-2 horas, respectivamente. – Como alternativa, se puede clorar el sistema con 4-5 mg/l, manteniendo estos niveles 12 horas. – Neutralizar la cantidad de cloro residual libre y vaciar el agua del sistema. – En sistemas con depósitos acumuladores limpiar a fondo las paredes, sino estos no son accesibles, realizar una purga. – Realizar las reparaciones necesarias en los mismos y aclararlos con agua limpia. – Volver a llenar con agua y restablecer las condiciones de uso normales. – Si es necesaria la recloración, esta se realizará por medio de dosificadores automáticos.	**En el caso de disponer de depósitos:** – Vaciar el sistema, si son accesibles, limpiar a fondo las paredes de los depósitos de acumulación; en caso contrario, realizar una purga. Realizar las reparaciones necesarias en los mismos y aclararlos con agua limpia. – Llenar el depósito y elevar la temperatura del agua hasta 70 °C y mantener durante dos horas. Posteriormente, dejar correr el agua en los puntos terminales de la red durante 5 minutos de forma secuencial, de manera que se alcance en todos los puntos una temperatura de 60 °C. – Vaciar los depósitos de acumulación y volver a llenarlos, restableciendo de este modo su funcionamiento habitual.
En caso de usar otro biocida químico, se seguirán las recomendaciones del fabricante. Es preciso asegurar que estos biocidas sean aptos para el tratamiento de aguas de consumo humano.	**En el caso de sistemas sin depósitos:** – Elevar la temperatura y dejar correr el agua en los puntos terminales de la red de forma secuencial hasta que se alcance en todos los puntos una temperatura de 70 °C y mantener durante 1 minuto. – Los equipos que no pueden alcanzar la temperatura requerida deberán realizar una desinfección química.
La desinfección no será efectiva si no va acompañada de una limpieza exhaustiva.	

Los elementos desmontables, como grifos y duchas, se limpiarán a fondo con los medios adecuados que permitan la eliminación de incrustaciones y adherencias. Se sumergirán en una solución que contenga 20 mg/l de cloro residual libre, durante 30 minutos, aclarando posteriormente con abundante agua fría; si por el tipo de material no es posible utilizar cloro, se deberá utilizar otro desinfectante apto para su uso en agua fría de consumo humano. Los elementos difíciles de desmontar o sumergir se cubrirán con un paño limpio impregnado en la misma solución durante el mismo tiempo y posteriormente se aclarará con agua fría.

3. Limpieza y desinfección en caso de brote.

En el caso de producirse un brote (un brote de legionelosis se refiere a la aparición de un número inusualmente alto de casos de infección por legionela en una ubicación específica y durante un período determinado), se realizará un tratamiento de temperatura en todo el sistema de distribución de agua caliente sanitaria, tal y como se ha especificado en los anteriores apartados.

Todas las actividades realizadas con motivo de la aparición de un brote de legionelosis en una instalación han de quedar reflejadas en el registro de mantenimiento de forma que estén siempre disponibles para las autoridades sanitarias.

Todos los elementos desmontables deberán tratarse según lo establecido en anteriores apartados, teniendo en cuenta que solo puede utilizarse cloro, procediendo a la renovación de aquellos elementos de la red en los que se aprecie alguna anomalía, en especial los que se vean afectados por procesos de corrosión e incrustación.

La limpieza y desinfección del sistema de distribución de agua caliente sanitaria se podrá realizar mediante dos procedimientos distintos, tal y como figura en la siguiente tabla:

Tabla 1.7. Limpieza y desinfección del sistema de distribución de agua caliente sanitaria

Desinfección química	Desinfección térmica
– Clorar toda la red con 15 mg/l de cloro residual libre manteniendo el agua por debajo de 30 °C y con un pH de 7-8. Se mantendrá durante un período de 4 horas. – Como alternativa, se puede clorar el sistema con 20-30 mg/l manteniendo estos niveles durante 3-2 horas, respectivamente. – Neutralizar la cantidad de cloro libre residual y vaciar el agua del sistema. – Limpiar a fondo las paredes de los tanques de acumulación, realizar las reparaciones necesarias en los mismos y aclararlos con agua limpia. – Reclorar con 4-5 mg/l de cloro libre residual y mantener durante 12 horas, abriendo de manera secuencial todos los puntos terminales de la red comprobando su concentración hasta que en todos estos puntos sea de 1-2 mg/l. – Vaciar los tanques de acumulación y volver a llenarlos.	**En el caso de disponer de depósitos:** – Vaciar el sistema, limpiar a fondo las paredes de los tanques de acumulación, realizar las reparaciones necesarias en los mismos y aclararlos con agua limpia. – Llenar el depósito acumulador y elevar la temperatura del agua hasta 70 °C durante 4 horas, dejando correr el agua en los puntos terminales de la red durante 10 minutos de forma secuencial de manera que se alcance en todos los terminales de la red una temperatura de 70 °C. – Vaciar los depósitos de acumulación y volver a llenarlos. **En el caso de sistemas sin depósitos:** – Elevar la temperatura y dejar correr el agua en los puntos terminales de la red de forma secuencial hasta que se alcance en todos los puntos una temperatura de 70 °C y mantener durante 3 minutos. – Los equipos que no puedan alcanzar la temperatura requerida deberán realizar una desinfección química.

Valoración de resultados

En la Tabla 1.8 se relacionan los parámetros que es necesario medir con su valor de referencia y las actuaciones correctoras que pueden adoptarse en caso de desviación de los mismos.

Tabla 1.8. Valoración de resultados y actuaciones correctoras

Parámetro	Valor de referencia	Actuación correctora
Temperatura en acumuladores	60 °C	Incrementar el punto de consigna del sistema.
Temperatura en elementos terminales o circuitos de retorno	>60 °C	Si la temperatura es, en algún punto del sistema, inferior a 50 °C debe incrementarse el punto de consigna o incrementar o mejorar la potencia del generador de calor.

Parámetro	Valor de referencia	Actuación correctora
Legionella sp	Presencia (*)	< 1000 Ufc/L Realizar limpieza y desinfección de choque y una nueva toma de muestras aproximadamente a los 15 días.
		≥ 1000 Ufc/L Realizar limpieza y desinfección según protocolo en caso de brote y una nueva toma de muestras aproximadamente a los 15 días.

(*): El límite inferior de detección del método de análisis debe ser igual o menor a 100 Ufc/L.

Resolución de problemas asociados a la instalación

- Los principales problemas asociados a una instalación de agua caliente sanitaria son la regulación de los valores de temperatura en los puntos de almacenamiento y, sobre todo, en los consumos. Los sistemas de regulación o de mezcla deben de ser capaces de ofrecer una temperatura de confort, mezclando el agua acumulada a 60 °C con el agua fría.
- Si el consumo es puntualmente elevado, mayor que la velocidad de puesta a temperatura de régimen del agua fría, la temperatura del agua del acumulador irá disminuyendo paulatinamente, hasta alcanzar niveles inferiores a los 60 °C. Si esto sucede únicamente en transitorios de alta demanda, elevándose poco después la temperatura del agua hasta su punto de consigna habitual, el hábitat no será adecuado para el desarrollo de legionela.
- Los procesos de incrustaciones o corrosión pueden prevenirse determinando previamente el carácter incrustante, agresivo o corrosivo del agua frente a los componentes de la instalación.
- Los procesos de incrustaciones calcáreas pueden tratarse mediante sistemas de descalcificación con resinas de intercambio iónico, mediante dosificación de inhibidores de incrustaciones o mediante equipos físicos.
- Los procesos de corrosión pueden tratarse mediante la modificación de algún parámetro de la composición química del agua (por ejemplo, añadiendo un alcalinizante que eleve el valor del pH), dosificando un producto filmante (normalmente se utilizan monofosfatos, silicatos o silicofosfatos) que realiza una capa de protección en los elementos metálicos, y mediante protección catódica para los acumuladores.

Descripción de registros asociados a las instalaciones

a. Para las instalaciones catalogadas de mayor probabilidad de proliferación y dispersión de legionela:

- Plano señalizado con la descripción de flujos de agua y de las temperaturas de consigna en los diferentes puntos del sistema.
- Operaciones de mantenimiento realizadas incluyendo las inspecciones de las diferentes partes del sistema.
- Análisis de agua realizados incluyendo registros de temperatura en los depósitos de acumulación.
- Certificados de limpieza-desinfección.
- Resultado de la evaluación del riesgo.

b. Para las instalaciones catalogadas de menor probabilidad de proliferación y dispersión de legionela:

- Esquema del funcionamiento hidráulico de la instalación.
- Operaciones de revisión, limpieza, desinfección y mantenimiento realizadas incluyendo las inspecciones de las diferentes partes del sistema.
- Análisis realizados y resultados obtenidos.
- Certificados de limpieza y desinfección.
- Resultado de la evaluación del riesgo.

Evaluación del riesgo de la instalación

El riesgo asociado a cada instalación concreta es variable y depende de múltiples factores específicos relacionados con la ubicación, tipo de uso, estado y otros factores.

La evaluación del riesgo de la instalación se realizará como mínimo una vez al año, cuando se ponga en marcha la instalación por primera vez, tras una reparación o modificación estructural, cuando una revisión general así lo aconseje y cuando así lo determine la Autoridad Sanitaria.

Existen criterios para establecer un factor de riesgo BAJO, MEDIO o ALTO, así como posibles acciones correctoras a considerar.

La valoración global de todos estos factores se determina con el índice global, el cual se calcula para cada grupo de factores (estructural, mantenimiento y operación) y se establece un valor global ponderado.

El índice global permite la visión conjunta de todos los factores y facilita la decisión sobre la necesidad y la eficacia de implementar acciones correctoras adicionales en función de las características propias y específicas de cada instalación.

Según el valor del citado índice, así serán las medidas correctoras que se deben tomar.

1.3. Mantenimiento correctivo. Tareas del mantenimiento correctivo

Se entiende por mantenimiento correctivo la corrección de las averías o fallas, cuando estas se presentan. Trata de corregir las averías a medida que se van produciendo; es la reparación habitual tras una avería que obligó a detener la instalación o una parte de esta afectada por el fallo.

Existen dos formas diferenciadas de mantenimiento correctivo: el programado y no programado. La diferencia entre ambos radica en que mientras el no programado supone la reparación de la falla inmediatamente después de presentarse, el mantenimiento correctivo programado o planificado supone la corrección de la falla cuando se cuenta con el personal, las herramientas, la información y los materiales necesarios, y además el momento de realizar la reparación se adapta a las necesidades de producción. La decisión entre corregir un fallo de forma planificada o de forma inmediata suele marcar la importancia del equipo en el sistema productivo: si la avería supone la parada inmediata de un equipo necesario, la reparación comienza sin una planificación previa. Si, en cambio, puede mantenerse el equipo o la instalación operativa aún con ese fallo presente, puede posponerse la reparación hasta que llegue el momento más adecuado.

La distinción entre correctivo programado y correctivo no programado afecta a la producción. No tiene la misma afección el plan de producción si la parada es inmediata y sorpresiva que si se tiene cierto tiempo para reaccionar.

Por tanto, mientras el correctivo no programado es claramente una situación indeseable desde el punto de vista de la producción, los compromisos con clientes y los ingresos, el correctivo programado es menos agresivo con todos ellos.

Generalmente, una vez pasado el período de garantía, las pequeñas y medianas instalaciones solares pueden sufrir dejadez en la ejecución del programa de mantenimiento preventivo, con lo cual solo se reparan las averías cuando surgen, lo que es mantenimiento correctivo. Sus ventajas son:

- No genera gastos fijos.
- No es necesario programar ni prever ninguna actividad.
- Solo se gasta dinero cuando es imprescindible, en caso de avería total o parcial.
- A corto plazo puede ofrecer un buen resultado económico.
- Hay equipos en los que el mantenimiento preventivo no tiene ningún efecto, como los dispositivos electrónicos.

Sin embargo, el mantenimiento correctivo como base del mantenimiento, tiene graves inconvenientes:

- La producción se vuelve impredecible y poco fiable. Las paradas y fallos pueden producirse en cualquier momento. Desde luego, no es en absoluto recomendable basar el mantenimiento en las intervenciones correctivas en instalaciones de aporte a proceso, o de alto consumo, ya que el coste del sistema auxiliar durante un período prolongado tiene una repercusión económica muy negativa.
- Penalizaciones en caso de contratos de suministro o venta de energía.
- Supone asumir riesgos económicos que en ocasiones pueden ser importantes.
- La vida útil de los equipos se acorta.
- Impide el diagnóstico fiable de las causas que provocan la falla, pues se ignora si falló por mal trato, por abandono, por desconocimiento del manejo, por desgaste natural, etc. Por ello, la avería puede repetirse una y otra vez.
- Los seguros de equipos o de gran avería suelen excluir los riesgos derivados de la no realización del mantenimiento programado indicado por el fabricante del equipo.
- Las averías y los comportamientos anormales no solo ponen en riesgo la producción: también pueden suponer accidentes con riesgos para las personas o para el medio ambiente.
- Basar el mantenimiento en la corrección de fallos supone contar con técnicos muy cualificados, con un *stock* de repuestos importante, con medios técnicos muy variados, etcétera.

En la mayoría de las instalaciones, difícilmente las ventajas del correctivo puro superarán sus inconvenientes. La mayor parte de las empresas que basan su mantenimiento en las tareas de tipo correctivo no ha analizado en profundidad si esta es la manera más rentable y segura de abordar el mantenimiento, y actúan así por otras razones.

Las empresas deciden externalizar la reparación de averías en los siguientes cinco casos:

- Cuando está incluido en el contrato: cuando el servicio está incluido dentro de un contrato de gran alcance, como un contrato integral o un contrato de operación y mantenimiento, por ejemplo.
- Cuando no existe un departamento de mantenimiento: cuando no se dispone de ningún tipo de estructura de mantenimiento. En estos casos, cualquier problema que no sea sencillo ha de ser contratado a una empresa de mantenimiento.
- Cuando supone una carga inadmisible de trabajo adicional: cuando disponiendo de una estructura de mantenimiento, esta está infradimensionada, está desbordada de trabajo o cuando supone un aumento puntual de la carga de trabajo insostenible.
- Cuando no se tienen los medios o los conocimientos necesarios: cuando no se dispone de conocimientos o medios técnicos suficientes para abordar la reparación, por ser tecnologías novedosas y desconocidas en la planta o por haber recibido la formación y entrenamiento necesario.
- Cuando el equipo está en garantía: en el caso de equipos en garantía se prefiere contar con el servicio técnico del suministrador para evitar conflictos de responsabilidad.

Los contratos que se pueden establecer para la reparación de averías pueden ser los siguientes:

- Contratación de una reparación puntual sin presupuesto previo. Se trata en general de averías graves y urgentes, de un coste menor que las pérdidas de producción que provoca. Por esa razón se encarga el trabajo a una empresa con capacidad para dar la asistencia técnica sin conocer siquiera el importe de la reparación: el factor más importante es el tiempo de intervención.
- Contratación de una reparación puntual con presupuesto previo. O bien no se trata de intervenciones tan urgentes como las anteriores, o bien se

prevé un importe elevado que es necesario conocer con antelación. La preparación del presupuesto y su posterior aceptación supone retrasar mucho la intervención, ya que será necesario que el contratista compruebe el trabajo, haga su valoración, redacte una oferta, la envíe al cliente, que este la estudie y la acepte y le comunique la aceptación al contratista. El factor más importante en este tipo de contratación es el precio, por encima del tiempo de inicio de los trabajos o de intervención.

- Contratación de asistencias técnicas puntuales, pero a precio pactado bien por servicio (también llamado por precios unitarios), o bien por hora de intervención y materiales empleados. Las fases de presupuesto y aceptación de este se realizan una sola vez para muchas intervenciones, de manera que cuando se necesita un servicio se solicita sin más, conociendo el cliente más o menos qué coste supondrá. El factor importante vuelve a ser el precio, pero el cliente trata de evitar los tiempos muertos derivados del proceso de oferta y aceptación, negociando de una vez todos los servicios que pueda necesitar en un período determinado.
- Contratación de un número de servicios de reparación anual. Es decir, por un precio pactado se incluyen x intervenciones anuales de un determinado tipo, o x horas de intervención.
- Contratación del mantenimiento correctivo dentro de un contrato de mayor alcance, como un contrato integral o un contrato de operación y mantenimiento.

Es muy importante el tiempo de mantenimiento correctivo, que se divide en:

- Tiempo de localización del fallo.
- Tiempo de reparación del trabajo.
- Tiempo de diagnóstico.
- Tiempo de estudio de métodos.
- Tiempo de control y ensayo.
- Tiempo de ordenamiento.
- Tiempo administrativo.
- Tiempo de logística.

1.3.1. Diagnóstico de averías

Una avería es el deterioro en cualquiera de los componentes o subsistemas de una instalación, que impide el funcionamiento normal de esta (pérdidas energéticas, contaminación, nivel productivo, falta de calidad), o incluso total.

El análisis de averías tiene como objetivo determinar las causas que han provocado determinadas averías (sobre todo las averías repetitivas y aquellas con un alto coste) para adoptar medidas preventivas que las eviten. Es importante destacar esa doble función del análisis de averías:

- Determinar las causas de una avería.
- Proponer medidas que las eviten, una vez determinadas estas causas.

La mejora de los resultados de mantenimiento pasa, necesariamente, por estudiar las averías que afectan a la instalación y aportar soluciones para que no se repitan.

Se pueden clasificar según el origen del fallo:

- Fallos debidos al mal diseño o errores de cálculo.
- Fallos debidos a defectos durante la fabricación de determinados componentes.
- Fallos debidos al mal uso o control de la instalación.
- Fallos debidos a desgaste natural y envejecimiento.
- Fallos debidos a fenómenos naturales, accidentes o catástrofes.
- Cuando el número de horas de funcionamiento ha sobrepasado la de fiabilidad de los equipos.
- Errores humanos.

También se pueden clasificar en función de cómo afectan los fallos a la instalación:

- Fallos parciales: afectan a una serie de elementos de la instalación, pero sigue funcionando, si bien la funcionalidad se ve parcialmente afectada y el rendimiento disminuye.
- Fallos totales: se produce el paro de todo el sistema.

Los fallos, a su vez, pueden ser progresivos, hacen prever su aparición (desgastes, abrasión, desajustes), o son repentinos, que dependen de una serie de coincidencias no previsibles; el más común es la rotura de un accesorio.

Los menos importantes son los progresivos y parciales, las averías más sencillas, que a poco seguimiento que se haga se pueden detectar y actuar. La reparación no es urgente, pero si no se repara, pasaría al segundo o tercer nivel.

En el peor de los escenarios, se produce un paro total y se necesita intervención rápida. Al ser repentino nos puede coger por sorpresa y no tener suficiente preparación y/o planificación.

También se pueden clasificar de la siguiente manera:

- Eléctricas.
- Mecánicas.
- Electrónicas.
- De personal.
- Dependientes de otros fallos.
- Independientes.
- Estables.
- Temporales.
- Intermitentes.

Un caso especial de reparación o de realización de mantenimiento correctivo es el caso de la intervención en grandes averías. Estas ocurren cuando suceden grandes accidentes, como incendios, derrumbes o hechos catastróficos en general, pero también cuando una pieza determinada falla causando una avería de un alcance económico muy importante.

Para prever esta contingencia, algunas empresas contratan seguros de gran avería, que cubren el importe de reparación de los fallos que puedan surgir en un equipo o instalación determinada y que superen cierto importe. Ese importe mínimo que deben superar y del que se hará cargo, en todo caso, el propietario de la instalación, se denomina franquicia.

El seguro puede cubrir tanto los costes de reparación totales (mano de obra, materiales, medios y subcontratos) como el lucro cesante, esto es, el beneficio que el propietario de la planta deja de recibir por la pérdida de producción ocasionada, y en algunos casos, los costes de amortización.

Los seguros excluyen la reparación de grandes averías en algunos casos:

- Si no se ha respetado el mantenimiento preventivo indicado por el fabricante del equipo o por la ingeniería responsable de la instalación.

- Si el equipo o instalación se ha operado en condiciones anormales, expresamente indicadas como peligrosas en los manuales de operación y mantenimiento del equipo.
- Si no se han respetado las condiciones de operación.
- Si se han empleado repuestos, consumibles o materiales no autorizados por el fabricante.
- Si se han realizado modificaciones no autorizadas o supervisadas por el fabricante del equipo o la ingeniería que diseñó la instalación.

Se ha definido definido el concepto de avería, con sus características más importantes; ahora se van a desarrollar las técnicas para el diagnóstico de averías, y en capítulos posteriores, los métodos de reparación de estas.

En primer lugar, es importante conocer bien la instalación, es decir, por ello, la inspección la debe realizar personal cualificado de mantenimiento, y que tenga la documentación técnica de la instalación, con sus planos y especificación de componentes.

La determinación y percepción de una avería y su alcance se pueden realizar de dos formas:

- Visualmente, o mediante la observación y/o percepción; por ejemplo, al ver que hay fugas en el circuito primario, o sentir el agua de consumo templada, por debajo de la temperatura óptima.
- Mediante las herramientas de testeo, medición de los parámetros físicos de la instalación; así se puede deducir un mal funcionamiento de la instalación, al medir caudales erróneos en los circuitos de distribución.

Por supuesto, es muy importante la influencia de la gravedad de la avería en la instalación, que puede ser evidente al criterio del técnico que lo revisa, o necesita ser detectada por instrumentación.

A continuación, se describen las distintas averías que puede sufrir una instalación solar y la manera de detectarlas a partir de los síntomas.

Como siempre, es necesario puntualizar que no es lo mismo hacer esta descripción para una pequeña instalación doméstica que para una instalación de viviendas de mayor tamaño, o una instalación industrial.

Los principales síntomas de una avería en una instalación son:

- El rendimiento de la instalación disminuye; si baja demasiado, puede llegar a un valor por debajo del umbral mínimo, es decir, fallo total, lo cual induce al paro total de la instalación.

- El uso del sistema de energía auxiliar funciona un mayor número de horas de las que habitualmente trabaja.
- Fugas de fluido en el circuito primario y secundario. Dichas fugas pueden ser de distinto caudal, desde unas gotas hasta pérdidas más significativas.
- El sistema de energía auxiliar no funciona cuando debe saltar, según la temperatura marcada, y en días sin sol la instalación no calienta.
- La centralita de control marca temperaturas excesivas, las bombas no funcionan, no existiendo circulación de fluidos en los circuitos primario y secundario.
- La temperatura de los colectores bajan en exceso.
- Por supuesto, el fallo total de la instalación, en la que no hay producción energética.

En general, existen más síntomas, que nos indican que la instalación no funciona como debiera, algunos son palpables a los sentidos (se incluyen entre ellos, el sentido de la vista, que nos permite ver los valores que mide la centralita de control); para detectar otros, se deben utilizar las herramientas de medición.

Estos fallos de funcionamiento son la consecuencia de alguna de las siguientes averías:

- Rotura de captadores o de sus juntas de sellado. Crean bajada de temperatura en el circuito primario y desequilibrio en el equilibrado hidráulico. Es imprescindible proceder a su sustitución.

  Los captadores también pueden sufrir las siguientes averías:

  Vidrio:

  — Rotura por enfriamiento súbito.

  — Rotura por diferencia de temperatura mayor a 25 °C.

  — Problemas de dilatación-contracción del sellado.

  Las diferencias de temperatura, en general, pueden causar roturas en el vidrio de los captadores solares.

  Carcasa:

  — Falta de estanqueidad.

  — Corrosión.

  — Falta de aireación (estanco al agua pero no al aire).

Parrilla absorbedora:

— Fugas y roturas por congelación.

Aislante:

— Deterioro por humedad o descomposición.

- Baja presión en los captadores. Es debido a la fuga de fluido caloportador en el circuito primario, cuyos motivos pueden ser una soldadura que se ha degradado con los años, o una válvula de corte o de seguridad, que, debido a los ciclos de contracción y dilatación que crean los cambios de temperatura en el circuito, ha desembocado en un mal funcionamiento creando fugas.

  Dentro de estas válvulas que pueden fallar, puede suceder que la válvula de llenado automático no funcione, al fin y al cabo, está expuesta a ciclos de cambio de temperatura, y su avería es más perjudicial que la de las otras.

- Mal diseño del vaso de expansión; si se diseña con un volumen por debajo de las necesidades de su función, en una dilatación del fluido del circuito primario, puede llegar a explotar. Esto hace que el circuito primario se deba parar, ya que no debe funcionar sin vaso de expansión; es más, puede llegar a vaciarse por completo.
- Avería del purgador del captador o batería de captadores. La avería de este pequeño aparato, cuyo cometido es el de evacuar el aire del circuito tiene vital importancia, ya que no permite el paso del agua, y puede llegar a cortar el paso del flujo de agua en el circuito primario, lo que se dice una pompa o burbuja. En los equipos domésticos, es más probable y perjudicial. Un síntoma es que la temperatura sube bastante en colectores, y en equipos directos (ya no se permite su instalación, pero sigue habiendo instalados) la burbuja tiene fuerza para no permitir la circulación del agua.
- Problemas con las estructuras; los más normales son:

  — Anclajes directos a cubierta sin cimentación.

  — Cimentación inferior a 20 × 20 cm.

  — Corrosión.

  — Defectos de soldadura.

  — Tornillería de calidad inferior a 8.8.

  — Colocación errónea y sombreado.

- Problemas debido al anticongelante:
  - Toxicidad, evitar el contacto con el secundario. $P_{1^o} < P_{2^o}$.
  - Aumento de la viscosidad. Fallos en los cálculos de la pérdidas de carga y bombas.
  - Aumento de la dilatación. El coeficiente de dilatación aumenta con respecto al agua, es decisivo para el dimensionado del vaso de expansión.
  - Degradación a temperaturas superiores a 120 °C, generando productos corrosivos.
  - Disminución del calor específico, afectando al dimensionado de tuberías y bombas.
- Problemas por congelación:
  - Corrosión por paro total durante el invierno.
  - Calentamiento de colectores por recirculación de fluido.
  - Gastos por calentamiento por resistencia eléctrica y pérdida de posible subvención e incumplimiento del RITE.
  - Problemas derivados del uso de anticongelantes.
  - No solo hay que proteger los colectores, también las tuberías externas.
  - Falta de consideraciones en el diseño del posible fallo del dispositivo anticongelante o corte de electricidad.
- Solución a problemas de congelación:
  - Incorporación de regulaciones antiheladas.
  - Elección adecuada del fluido caloportador.
  - Incorporación de termostatos a las resistencias eléctricas.
  - Aislado total del circuito.
  - Utilización de circuitos capaces de soportar la congelación.

El fabricante, suministrador final, instalador o diseñador del sistema deberá fijar la mínima temperatura permitida en el sistema.

Todas las partes del sistema que estén expuestas al exterior deben ser capaces de soportar la temperatura especificada sin daños permanentes en el sistema.

Cualquier componente que vaya a ser instalado en el interior de un recinto donde la temperatura pueda caer por debajo de los 0 °C deberá estar protegido contra las heladas.

La instalación estará protegida con un producto químico no tóxico cuyo calor específico no será inferior a 3 kJ/kg K, en 5 °C por debajo de la mínima histórica registrada con objeto de no producir daños en el circuito primario de captadores por heladas. Adicionalmente este producto químico mantendrá todas sus propiedades físicas y químicas dentro de los intervalos mínimo y máximo de temperatura permitida por todos los componentes y materiales de la instalación.

- Problemas por ebullición.

  En sistemas cerrados:

  — Dimensionado incorrecto del vaso de expansión.

  — Problemas de incrustaciones.

  — Purgador de aire derretido.

  — Riesgo de vaciado del primario.

  Sistemas abiertos:

  — Si Pred < Pebu el agua pasa a la red y se contamina.

  — Pred > Pebu no hay problemas.

  Gastos por calentamiento por resistencia eléctrica y pérdida de posible subvención.

  Ebullición en el almacenamiento: no debe producirse si se respeta la relación de 50 l/m^2.

  Soluciones a problemas de ebullición:

  — Utilización de fluidos orgánicos con elevado punto de ebullición.

  — Realizar un circuito capaz de resistir la sobrepresión.

  — Limitar la presión del circuito con:

  — Válvula de descarga.

  — Vaciado-llenado automático.

  — Tapar campo de captación.

Se debe dotar a las instalaciones solares de dispositivos de controles manuales o automáticos que eviten los sobrecalentamientos de la instalación que puedan dañar los materiales o equipos y penalicen la calidad del suministro energético.

En el caso de dispositivos automáticos, se evitarán de manera especial las pérdidas de fluido anticongelante, el relleno con una conexión directa a la red y el control del sobrecalentamiento mediante el gasto excesivo de agua de red. Especial cuidado se tendrá con las instalaciones de uso estacional en las que en el período de no utilización se tomarán medidas que eviten el sobrecalentamiento por el no uso de la instalación.

Cuando el sistema disponga de la posibilidad de drenajes como protección ante sobrecalentamientos, la construcción deberá realizarse de tal forma que el agua caliente o vapor del drenaje no supongan ningún peligro para los habitantes y no se produzcan daños en el sistema ni en ningún otro material en el edificio o vivienda.

Cuando las aguas sean duras, es decir, con una concentración en sales de calcio entre 100 y 200 mg/l, se realizarán las previsiones necesarias para que la temperatura de trabajo de cualquier punto del circuito de consumo no sea superior a 60 °C, sin perjuicio de la aplicación de los requerimientos necesarios contra la legionela. En cualquier caso, se dispondrán los medios necesarios para facilitar la limpieza de los circuitos.

En sistemas de agua caliente sanitaria, donde la temperatura de agua caliente en los puntos de consumo pueda exceder de 60 °C, debe instalarse un sistema automático de mezcla u otro sistema que limite la temperatura de suministro a 60 °C, aunque en la parte solar pueda alcanzar una temperatura superior para sufragar las pérdidas. Este sistema deberá ser capaz de soportar la máxima temperatura posible de extracción del sistema solar.

- Problemas con las bombas de recirculación. Los problemas que pueden surgir con las bombas de recirculación pueden tener diferentes motivos y distintas consecuencias.

  En días que tienen buenas condiciones climáticas, y la temperatura de acumulación no aumenta, hay que comprobar que el intercambio de calor se hace efectivo, con lo cual uno de los primeros eslabones son las bombas de recirculación (una vez descartado que la generación de calor no se produzca y que haya fluido de intercambio en las tuberías).

  En el caso de que sean las bombas las que no funcionan, deben realizarse las siguientes comprobaciones para llegar a un diagnóstico:

  — Se debe comprobar que el cuadro eléctrico que las gobierna funciona sin problemas, es decir, que tiene corriente, que sus fusibles están correctos, que los magnetotérmicos y diferenciales no presentan problemas, y que, en caso de tener dos bombas por servicio en paralelo, como se hace para superficies captadoras de más de 50 m^2, los dispositivos de alternancia de estas funcionan.

— Otra posibilidad de fallo es que alguna de las sondas que toma las lecturas de temperatura para los arranques y paradas programados esté defectuosa o haya sobrepasado sus horas de uso, con lo cual su degradación desemboque en mal funcionamiento, y no arranquen las bombas en el momento que deben.

— En caso de poder arrancar las bombas en manual, uno de los elementos anteriores del control fallan.

— También es importante comprobar si las bombas están atascadas, ya que la acumulación de restos en el circuito de recirculación puede afectar la circulación de los fluidos y su impulsión.

— En caso definitivo de no funcionar, habrán de desmontarse, para inspeccionar y arreglarlas, o en caso de que no sea posible, sustituirlas.

— Otros problemas con las bombas. Es posible encontrar que las bombas, aunque funcionen, y las condiciones climáticas sean óptimas, no aumenten la temperatura de acumulación; el intercambio de calor no es efectivo, las bombas no recirculan a la velocidad adecuada, luego hay que seleccionar la velocidad adecuada al intercambio, que puede ser distinta, según la época del año, y la generación solar.

— También es necesario purgar las bombas para su mejor ajuste.

- Ruidos. Los ruidos en la instalación pueden ser en principio molestos, siempre dependiendo de dónde esté situada la sala de máquinas. Es muy posible que no se deban sobrepasar los 65 dB que la normativa marca como límite para ruidos no molestos. Independiente de todo esto, el ruido que se genera en la instalación, fuera de lo establecido en las especificaciones técnicas de los componentes, y de lo que en principio debe de escucharse respecto a los circuitos de distribución, puede llevarnos a descubrir pequeñas averías y a descifrar el mal funcionamiento de algunos elementos; atascos, saturaciones... pueden ser descubiertas gracias al ruido que generan.
- Problemas con el aislamiento. El aislamiento se degrada con el tiempo, y puede llegar a provocar bajadas en el rendimiento bastantes importantes.
- Problemas con el sistema auxiliar. El sistema auxiliar puede tener varias averías para su mal funcionamiento, entre las que se citan:

— Falta de presión del agua de suministro.

— Mal acoplamiento hidráulico y de control del sistema solar + auxiliar.

— Avería de los elementos propios del sistema auxiliar (quemador, regulador de caudal...).

— En caso de resistencias eléctricas, comprobar si el suministro de red es correcto, el cable tiene seccionamientos, los fusibles están bien, el programador horario y la regulación del termostato son correctas. Habrá que cambiar el elemento que falle.

- Problemas con el sistema de control. El sistema de control puede arrastrar los siguientes fallos:

  — Falta de suministro eléctrico.

  — Sondas de temperatura mal conectadas. Puede darse por cortocircuito o rotura; en general, cualquier sonda puede comprobarse mediante un polímetro, ya que en su tabla de especificaciones debe poder medirse para cada temperatura su resistencia.

  — Mal ajuste de los parámetros de entrada/parada en funcionamiento de los elementos gobernados. Es más un fallo de diseño, pero se debe subsanar.

  — Fusible en mal estado. Debe cambiarse, solo en caso de necesidad extrema de tener la central de control en funcionamiento, puede puentearse e inmediatamente ir a por un fusible nuevo. Normalmente, suelen llevar alojadas dentro uno de repuesto.

1.3.2. Procedimientos para aislar hidráulica y eléctricamente los diferentes componentes

Cuando se produce una avería, hay que analizar la manera de aislar la parte del sistema del resto del equipo para poder acometer su reparación; esto es válido, en principio, tanto para un sistema hidráulico, como para uno eléctrico.

Si se han hecho los deberes de diseño, tal y como se comentó, se han instalado cada equipo con válvulas de corte, tanto a la entrada como a la salida de estos, para evitar complicaciones en su sustitución y reparación.

También se habrán situado válvulas antirretorno, con lo cual no habrá posibilidad de retornos de agua indeseados.

Sin embargo, es posible encontrar situaciones en las que no sea fácil aislar la instalación, puede ser que se tenga una fuga en el circuito primario o secundario, en un punto determinado, y que se encuentre que hay elementos que no estén bien definidos.

Es por ello que hay que definir todas las zonas en las cuales se puede tener una avería, para buscar puntos o tramos donde podría ser necesario añadir válvulas de corte, con el objetivo de ganar tiempo en caso de avería.

Por supuesto, en fase de diseño es ventajoso hacer esta operación; si no se ha efectuado, no es mala idea hacerlo antes de entrar en operación, y por último, en una parada por mantenimiento.

Lo que sí hay que reseñar es que, en caso de no haberse realizado esta operación, puede ocurrir que se tenga que proceder a soldar una tubería en la que no sea posible cortar el caudal de agua, cosa imposible por las temperaturas, o que por la presión no se pueda realizar la operación de desmontaje de la válvula si es roscada.

Lo ideal es revisar el esquema de línea de la instalación para observar puntos que se deban aislar, y hacer una visita a la instalación para detectar problemas que se salgan del esquema de línea. Por ejemplo, si de un tramo de tubería se tiene enterrada una longitud considerable, para evitar males mayores en caso de fuga, es bueno colocar válvulas de corte antes y después del tramo; en el esquema de línea esto se visualiza y hay que verlo en campo.

A continuación, se expone un ejemplo sencillo, en una instalación para agua caliente centralizada, con intercambiador exterior, dos depósitos solares de acumulación y apoyo auxiliar de caldera de gas, cuyo esquema de línea es:

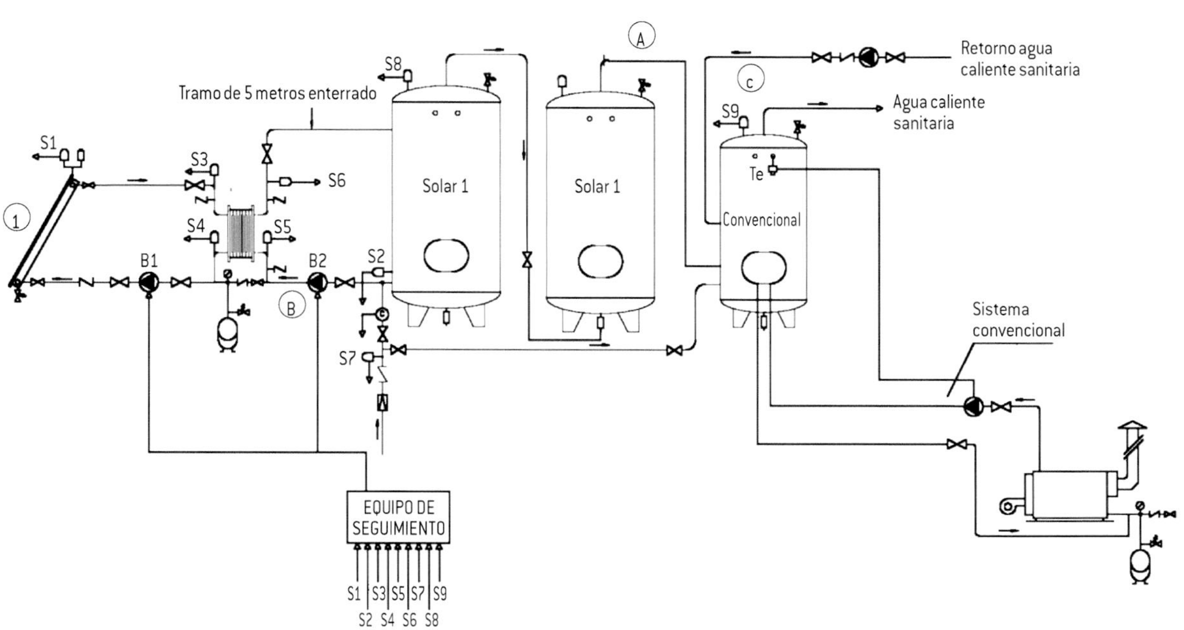

Figura 1.13. Instalación solar térmica centralizada.

Se consideran varias zonas para aislar:

- Zona de tubería enterrada de 5 metros; es conveniente instalar válvulas a la entrada y salida para, en caso de avería, poder hacer puente de emergencia y acometer con mayor margen la avería.
- Zonas A y C. Son tramos que no se pueden aislar por tener solamente llave de corte en un extremo, por lo que sería complicado acometer una avería.
- Punto B. Por normativa, tras una bomba debe haber llave de corte; en este caso, en el diseño se ha obviado por tener próxima la llave de corte del vaso de expansión, lo cual puede traer problemas a la hora de desmontar la bomba para limpiarla.

En general, no se pueden instalar válvulas de corte en todos los puntos previsibles de avería y necesidad de aislar, pero sí se pueden tener controlados la mayoría de los tramos. En los que no se haga, se tiene que acometer la operación de aislar hidráulicamente el circuito en el momento.

Son operaciones que pueden complicarse; como se ha indicado antes, no se puede acometer la soldadura de una tubería de cobre si está húmeda, ni se puede cambiar una pieza roscada con garantías si está fluyendo agua por la tubería.

Se debe aislar el sistema en la medida de lo posible; una norma general es la de cortar las entradas de agua. Los acumuladores, por ejemplo, en el momento en que se les corta la entrada de agua, al no perder presión, dejan de tener presión a la salida. Dotar al circuito secundario de algún desagüe en la zona más baja de la instalación también es una ayuda.

Respecto al circuito primario, se puede vaciar con facilidad, lo primero es cortar la entrada desde la válvula de llenado, y después, se puede evacuar desde las salidas de seguridad de las baterías de captadores; esa agua, al llevar anticongelante, debería almacenarse y tratarse como residuo, si no puede ser reutilizada por su degradación.

Respecto a las instalaciones eléctricas, hay que tener en cuenta para aislar eléctricamente una instalación las siguientes instrucciones técnicas complementarias del Reglamento Electrotécnico de Baja Tensión:

- ITC-BT-18, de instalaciones de puesta a tierra.
- ITC-BT-22, de protección contra sobreintensidades.
- ITC-BT-23, de protección contra sobretensiones.
- ITC-BT-24, de protección contra los contactos directos e indirectos.

Estas consideraciones se desarrollan en el mantenimiento técnico legal, que es el punto 2.1.

1.3.3. Tipos de intervención y temporalización

Tal y como se ha expuesto hasta el momento, las actuaciones de intervención en la instalación pueden ser debidas a dos motivos, o para realizar mantenimiento preventivo, o para realizar mantenimiento correctivo, es decir, para reparar una avería cuyas consecuencias pueden ser variables, como se indica a continuación.

En el caso del mantenimiento preventivo, son operaciones programadas, cuya realización debe hacerse en momentos en los que la carga de trabajo de la instalación no sea mayor del 60 % de su capacidad máxima.

Estas operaciones deben programarse teniendo en cuenta los criterios de magnitud que llevan a realizarlas una o dos veces al año y, siempre, teniendo en cuenta que se debe hacer previo a un período de uso prolongado o de máximo rendimiento.

Por ejemplo, en el caso de una instalación solar térmica para un albergue juvenil que abre en la temporada verano-otoño, lo idóneo es realizar las tareas de mantenimiento preventivo a finales de primavera, para dejarla a punto antes de iniciar el período de mayor uso.

Otro ejemplo, una instalación solar térmica para climatizar una piscina cubierta cuyo uso se extiende desde los meses de octubre a mayo; en este caso, las operaciones de mantenimiento preventivo deben realizarse antes de terminar septiembre, previo a la puesta en marcha de la temporada.

En el caso de seguir este criterio para la intervención en la instalación, al menos, deben realizarse las operaciones en paradas cortas, pequeños valles en la producción de esta o en una parada nocturna.

En el caso del mantenimiento correctivo, este puede ser programado o no programado, según la importancia de la avería y los recursos disponibles para acometer su subsanación.

Se detectan diferentes tipos de averías que requieren una intervención diferente según su importancia:

1. Por una parte, si la avería no compromete el funcionamiento de la instalación hasta el punto de afectar su rendimiento por encima de un determinado punto crítico, es decir, puede seguir realizando sus funciones de producción, el tiempo de intervención puede llegar a ser de una semana.

   Hay que tener en cuenta que, si no se actúa sobre la anomalía, esta puede agravarse hasta el punto de afectar severamente la producción o desembocar en fallo total.

2. En caso de que la avería comprometa el funcionamiento de la instalación hasta el punto de afectar su rendimiento por encima de un determinado punto crítico, es decir, que la instalación no funcione, no produzca, lo que se denomina fallo total o parada, el tiempo de intervención no podrá superar las 72 horas, tiempo en el que el sistema auxiliar deberá asumir la producción.

Sobre estas recomendaciones, la normativa, como se verá más adelante, hace matizaciones.

1.3.4. Métodos de reparación

Son el conjunto de acciones para eliminar cualquier anomalía que impida el funcionamiento normal. Desde el punto de vista de la calidad, se puede dividir en:

- Primer nivel. Es el más bajo y lo que se pretende es que la instalación siga funcionando a toda costa sin entrar en las causas.
- Segundo nivel. Se pregunta cuál es la causa de avería y se actúa sobre ella. Se puede asegurar que ese fallo no se producirá más en cierto tiempo.
- Tercer nivel. Se investiga cuál es el origen de la causa de avería y se actúa. Así se garantiza más tiempo hasta que vuelva a producirse el incidente. La elección de la reparación depende del análisis calidad-coste y del momento de producción de la instalación.

Proceso de reparación: hay que realizar un análisis y búsqueda del origen de la avería, que a veces resulta complejo, ya que hay que desmontar muchas piezas para ver la causa. En el tiempo de reparación influyen tres factores:

- Organizativos: dirección de la mano de obra, entrenamiento y disponibilidad del personal, eficacia en la gestión de repuestos y disponibilidad de documentación.
- De diseño: complejidad del equipo, peso de su conjunto, diseño, normalización e intercambiabilidad de sus componentes, facilidad de montaje y desmontaje.
- De ejecución: se considera la habilidad de la mano de obra, aparataje empleado, pruebas de los diferentes elementos reparados y preparación de los trabajos.

El proceso de reparación de la avería puede empezar antes de producirse, formando e informando al personal de producción y mantenimiento. Se han de prever los cambios para las reparaciones más habituales e, incluso, tener utillajes especiales.

En las averías, es posible tener que usar métodos de reparación distintos; generalmente, lo que se suele hacer es desmontar tuberías, elementos (captadores, intercambiadores, bombas...) para su reparación o sustitución, o bien su reparación por soldadura.

Una vez detectadas anomalías funcionales (picaduras en acumuladores, bombas agarrotadas, colectores deteriorados, etc.) se procederá a su sustitución o reparación en la mayor brevedad posible, una vez aceptado el presupuesto.

Una vez reparada la instalación, la puesta en marcha de la instalación no difiere de la puesta en marcha inicial de la IST; hay que tener en cuenta los cambios efectuados y prestar especial atención al equipamiento sustituido.

La instalación deberá entregarse llena de fluido y en funcionamiento. Se deberá realizar un conjunto de pruebas de recepción o comprobación del correcto funcionamiento de la instalación.

Se realizará un primer llenado y drenado de la instalación con los siguientes objetivos:

- Realizar una limpieza de posibles depósitos de suciedad, virutas, etc., introducidas durante el proceso de montaje.
- Detectar y corregir fugas.

Esta operación podrá aprovecharse para realizar la prueba de presión.

Con objeto de evitar bolsas de aires, las operaciones de llenado se deberán realizar con la suficiente lentitud y desde la parte más baja a la más alta, abriendo los purgadores hasta que el fluido inicie la salida, en cuyo momento deberán cerrarse.

Una vez terminada la operación de llenado, se pondrá en marcha la instalación y se tendrá recirculando el fluido durante el tiempo que estime el director de obra, para que sean arrastradas las partículas de las tuberías, después de lo cual se vaciará, se procederá a corregir las fugas si la hubiese y, a continuación, se procederá al llenado definitivo de la instalación.

Una vez realizadas todas estas operaciones, el instalador procederá a una última revisión final con la instalación en marcha, inspeccionando todas sus partes y comprobando su correcto funcionamiento.

- Sujeciones y anclajes en estructuras.
- Sujeción de colectores a la estructura.
- Sujeciones de tubería.

- Presión en tuberías.
- Dilataciones en tuberías.
- Presión en intercambiadores.
- Actuación de valvulería.
- Desaireación de purgadores.
- Escape en válvulas de seguridad.
- Cierre en válvulas de esfera.
- Movimiento clapeta en válvulas de retención.
- Comprobación de alimentación eléctrica.
- Actuación de los elementos de control y monitorización.
- Presión correcta en bombas y comprobación de caudales.
- Sentido del giro correcto en bombas.
- Equilibrado final de los circuitos.
- Prueba de estanqueidad de colectores.
- Revisión del estado general de pintura.
- Prueba funcional general.
- Comprobación de los parámetros generales de la instalación con los del proyecto.
- Comprobación del funcionamiento conjunto con el sistema auxiliar existente.

Por supuesto, al no tratarse de la puesta en marcha inicial, sino de una puesta en marcha tras una reparación, algunas operaciones pueden ser obviadas, aunque nunca está de más comprobar todos estos parámetros.

Antes de realizar el acto de recepción, se efectuará una completa limpieza de toda la instalación, retirando los restos de materiales que hayan quedado en los alrededores de la obra.

Si toda la instalación funciona perfectamente, podrá ser entregada al titular, quien firmará la correspondiente conformidad.

1.3.4.1. Reparación por soldadura

Uno de los materiales más utilizados hasta ahora para las tuberías es el cobre, un metal muy dúctil, maleable y buen conductor del calor y la electricidad.

Poco a poco se está sustituyendo por materiales plásticos de diferentes composiciones y características, si bien, es el material que más se ha utilizado para las instalaciones en los últimos veinte años; en caso de acometer una reparación por rotura, se deben soldar las piezas averiadas.

No es atacado por los gases ni se altera en presencia del aire seco; con la humedad se recubre de una capa de óxido que lo protege de posteriores ataques.

El cobre por sus características es, sin duda, un metal muy apropiado para toda clase de instalaciones de agua.

Entre las principales ventajas del tubo de cobre se pueden citar:

- La facilidad y rapidez de preparación y colocación.
- La ejecución de las uniones en un tiempo mínimo, utilizando manguitos soldados por capilaridad.
- Las posibilidades de prefabricación.
- Las pequeñas pérdidas de carga, debido a la superficie lisa de las paredes interiores.
- La gran resistencia a la corrosión.
- Su punto de fusión es de 1082 °C.

El tubo presenta gran duración al tiempo, ya que su inalterabilidad está garantizada.

El único inconveniente que puede plantear el tubo de cobre es su dilatación con la temperatura, en una relación:

$$\Delta L\ (mm) = L\ (m) \times T\ (^{\circ}C) / 60$$

En la reparación por soldadura existen dos tipos de soldadura con soplete o lamparilla:

- Soldadura blanda (uniones hasta 450°).
- Soldadura fuerte (uniones superiores a 450°).

1. Soldadura blanda por capilaridad

   La soldadura blanda por capilaridad consiste en la unión de dos tubos de cobre que encajan perfectamente uno en el otro por medio de estaño. El proceso es el siguiente:

   — En primer lugar se calientan los tubos que se van a unir.

   — A continuación, se aporta estaño, el cual, al fundirse por efecto del calor, penetra por capilaridad entre los dos tubos y, al enfriarse, asegura al mismo tiempo el ensamblado de los tubos y su hermeticidad.

   La temperatura de fusión se encuentra entre 200 y 250 °C aproximadamente. Se emplea principalmente en instalaciones de fontanería.

2. Soldadura fuerte por capilaridad

   Es muy similar a la anterior, con la peculiaridad de que se realiza a una temperatura superior a 450 °C, debido a que la boquilla del soplete es diferente y concentra el calor de una manera más intensa. El material de aportación tiene por tanto un punto de fusión superior al estaño y su elección dependerá del tipo de material que se vaya a soldar y del esfuerzo posterior que tenga que soportar.

   El material necesario para ello es el equipo de soldadura, las mordazas de presión, el protector térmico y la lima.

   El equipo de soldadura. Para cada uno de los dos tipos de soldaduras, se usa generalmente un equipo diferente.

   — Lamparilla de soldador. Se denomina así al conjunto de soplete unido al cartucho o botella de gas. La temperatura máxima que alcanza es de 250 °C y se utiliza para pequeñas reparaciones de soldadura blanda.

   — Soplete. Puede alimentarse por butano o por propano. Está formado por tres elementos principales:

     – Una empuñadura provista de una llave de marcha/paro que regula la alimentación de gas.

     – Boquillas (o quemadores) intercambiables.

     – Un tubo flexible para la conexión a la botella de gas líquido.

   Tanto la lamparilla como el soplete tienen las mismas utilidades, pero el soplete, más potente, resulta conveniente para los trabajos de mayor envergadura, ya que calienta más deprisa las piezas que hay que soldar.

Respecto a los accesorios, se enumeran a continuación:

— Boquillas o quemadores. En general, tanto a las lamparillas para soldar como a los sopletes, se les pueden adaptar diferentes boquillas; hay tres tipos principales:

  – La boquilla para fontanería, con llama envolvente. Se usa principalmente para soldar tubos de cobre con estaño (soldadura blanda)

  – La boquilla de punta fina, con llama de dardo. Se emplea para soldadura fuerte (más temperatura).

  – La boquilla de punta superfina. Se utiliza también para soldadura fuerte.

— Materiales desoxidantes (Flux). El desoxidante para soldadura evita que se oxiden las piezas que se van a soldar. En algunos de los materiales de aportación, el desoxidante está incorporado. Existen diferentes tipos de desoxidantes dependiendo del tipo de soldadura y del material que se va a soldar.

— Material de aportación: el material de aportación que se ha de utilizar depende de la naturaleza de las piezas que van a unir y del uso que tengan.

Procedimiento de soldadura

1. Soldadura por capilaridad.

   Se limpian las dos superficies que se van a ensamblar (exterior del tubo e interior del racor) con lija o con lana de acero.

   Se aplica a las partes que se van a soldar con pasta desoxidante.

   Se encajan las piezas. Las piezas deben encajar perfectamente por los extremos, estar limpias y sin restos de grasa.

   Se calientan las piezas que se van a ensamblar y no el metal de aportación: la temperatura de calentamiento debe permitir la fusión del metal de aportación al entrar en contacto con las piezas calentadas.

   La temperatura precisa para que se produzca la fusión del estaño se habrá conseguido cuando el cobre adquiera un tono rojo cereza. Se aparta la llama y se sitúa el hilo de soldadura sobre la unión de los dos elementos. El estaño se fundirá y fluirá por capilaridad entre las dos piezas.

   La cantidad de metal de aportación necesaria para una correcta soldadura debe ser, en longitud, aproximadamente igual al diámetro del tubo.

2. Soldadura de metales ferrosos y de aleaciones de cobre.

    - Se utiliza una soldadura de plata con el desoxidante correspondiente.
    - Se procede igual que para la soldadura por capilaridad.
    - Se limpian las partes que se van a soldar. Se pule con la lima.
    - Se aplica el desoxidante con la brocha.
    - Se sujetan las piezas con ayuda de unas mordazas de presión.
    - Se calientan a la temperatura adecuada.
    - Se acerca la varilla de material de aportación fuera de la llama inclinándose ligeramente.

3. Tuberías de plástico.

    Se utilizan en circuitos secundarios, nunca en primario, si no pueden soportar las temperaturas que aguanta el cobre.

    La materia prima utilizada para la fabricación de tubos de presión es el cloruro de polivinilo (PVC) o el polietileno.

    El primero de ellos, el PVC, debe ser puro en un 96 %, admitiendo únicamente en su composición colorantes, estabilizadores y materiales auxiliares.

    Los tubos de plástico, se obtienen, por lo general, por inyección-presión, es decir, haciendo pasar el material reblandecido por el calor, a través de una tobera calibrada al diámetro del tubo que se quiere obtener y también por extrusión, como variante del anterior procedimiento (una hélice impulsa de modo continuo el material reblandecido a través de una hilera).

    También se construyen por colada en moldes y tubos estratificados, obtenidos a partir de una banda de papel o tejido impregnado en el material plástico, en varias capas, enrolladas en espiral.

    Los tubos de PVC, por lo general, son rígidos, si bien, hay un tipo semirrígido que viene en rollos.

    Los de polietileno tienen características diferentes si son de baja densidad (blandos), los cuales son muy flexibles y manejables, y los de alta densidad (duros) que soportan mejor las altas temperaturas hasta 70 °C y, en su calidad de «reforzados», pueden ser roscados, encontrándose todos ellos en rollos de hasta 200 metros de longitud.

Características:

Las características más destacables de los tubos de plástico son los siguientes:

— Es una tubería ligera (se puede decir que la más ligera en el campo de redes de abastecimiento), bastante inerte a la agresividad de las aguas y de las tierras.

— La superficie interior es completamente lisa, lo cual, desde el punto de vista hidráulico, es importantísimo siendo la tubería que proporciona pérdidas de carga más pequeñas, lo cual permite reducir las secciones en un 15 % respecto a los tubos tradicionales.

— Mejor comportamiento frente a las heladas que los demás tubos, ya que algunos tipos (polietileno flexible, por ejemplo) puede admitir la deformación sin romperse.

— Debido a su lisura interna, no es fácil que se produzcan incrustaciones de ningún tipo.

— Su condición de termoplásticos permite que, al calentarlos, se reblandezcan y se puedan curvar y manipular con gran facilidad; si bien alguno (polietileno) es totalmente flexible, elaborándose en rollos, con lo cual el número de juntas es muy limitado, y por ello, las pérdidas de carga son menores.

— Son tubos aislantes térmicos y eléctricos, por lo cual las corrientes vagabundas y telúricas que afectan a los tubos metálicos aquí no existen, por lo que los efectos de electrólisis que destruyen los tubos enterrados no les afectan.

Ahora bien, sus limitaciones también son notorias y entre ellas están:

— Su elevado coeficiente de dilatación térmica obliga a tener esta traba muy presente en las instalaciones.

— Su limitada presión de trabajo, que prácticamente está limitada a 25 atmósferas.

— Su alteración o envejecimiento, con determinados medios, fundamentalmente al aire y al sol.

— Estructura molecular (en cadena) que hace que en su destrucción se desintegre totalmente.

— Su propia condición de termoplástico que, a veces, es contraproducente, etcétera.

EJERCICIOS PROPUESTOS

1.1. Enumerar y caracterizar brevemente los tipos de mantenimiento.

1.2. ¿Se debe hacer seguimiento de consumo de una IST de 16 m^2 de captación? ¿Y de una de 40 m^2? ¿Y si se indica que tiene una potencia térmica de 7 kWt? ¿Y 18 kWt?

1.3. ¿Dónde se deben situar las sondas para un contador de energía de una IST para producción de ACS centralizada para un bloque de viviendas?

1.4. ¿Cuál es la cobertura solar anual que cubre en un edificio de viviendas la IST si, sobre una demanda de 350 kWt anuales, aporta 115 kWt?

1.5. ¿Cuál es el efecto de colocar dos descalcificadores magnéticos en serie?

1.6. ¿Es correcto colocar una resistencia eléctrica en un equipo solar doméstico de 300 litros de acumulación, con el objeto de hacerla funcionar a 60 °C una hora al día para evitar la legionela?

1.7. Sea una IST, en la que no arrancan las bombas cuando deben hacerlo según las temperaturas programadas, ¿cuál/cuáles pueden ser los fallos posibles?

1.8. Esquematizar los diferentes fallos que pueden suceder en captadores solares térmicos.

1.9. Si se tiene una fuga en el circuito primario de una IST, determina razonadamente si las siguientes operaciones son correctas para acometer la reparación:

a. Vaciar el circuito primario.

b. Si es posible, porque hay llaves de corte que lo permiten, aislar el tramo en el que se ubica la fuga.

c. Cortar la entrada de agua fría al circuito secundario.

d. Parar manualmente las bombas.

e. Comprobar el aislamiento del circuito primario y acumuladores.

1.10. En caso de avería que compromete el funcionamiento de la IST seriamente:

a. Es posible intervenir en una semana.

b. Se deberá intervenir inexcusablemente en cuatro horas.

c. Lo aconsejable es esperar a que se dé el fallo total para acometer la reparación.

d. El tiempo de intervención no puede superar las 72 horas.

Elegir y razonar una opción.

1.11. Calcular la dilatación que sufre una tubería de cobre de 0,75 metros, que se calienta en torno a 298 K.

¿Cuál es el factor de multiplicación de esta dilatación? ¿Lo puede resistir una instalación?

2. Planificación y organización del mantenimiento. Planes de mantenimiento

Introducción

En este capítulo, se van a exponer los impositivos del mantenimiento técnico legal, basado en la normativa vigente.

Tras ello, se van a describir recomendaciones anexas a este para completarlo.

A continuación, se abordarán los sistemas automáticos de telemedida y control, que nos prestan en mantenimiento una ayuda sustancial.

Se describirán las cargas de trabajo, necesidades y determinación de tiempos, indispensables para planificar el mantenimiento.

Más adelante, se explicará la documentación necesaria para la planificación y programación del mantenimiento.

Se hará hincapié en la orden de trabajo, herramienta dinámica para el mantenimiento.

Por último, se hablará del plan de seguridad en el mantenimiento de instalaciones.

Instalación solar térmica en Hotel en Sevilla, cortesía de Gestora Solar Andaluza, S. L.

Contenido

Objetivos

- Interpretar las señales y datos obtenidos directamente o a través de sistemas de telecontrol y telemando para optimizar el funcionamiento de la instalación a través de operaciones de ajuste.
- Controlar y supervisar las medidas de seguridad requeridas en las maniobras, garantizando el control del riesgo para las personas, para el medio ambiente y para los propios circuitos eléctricos e hidráulicos.
- Desarrollar, aplicar y mejorar los planes de mantenimiento de instalaciones solares térmicas.
- Emplear la información técnica proporcionada por los fabricantes de equipos y elementos utilizados en instalaciones solares térmicas en la elaboración de los programas de mantenimiento.
- Preparar y mantener al día los manuales de mantenimiento de la propia empresa, acordes con las normativas y ordenanzas de aplicación.
- Incluir la definición de tareas, procedimientos y métodos de intervención y desmontaje/montaje, gamas de chequeo, tiempos y los recursos humanos y materiales necesarios para su ejecución en el plazo y coste previsto en el programa de mantenimiento de la instalación.
- Actualizar periódicamente los procedimientos empleados en el mantenimiento preventivo y correctivo, incorporándose las mejoras detectadas.

- Realizar y supervisar la mejora continua de los planes de gestión del mantenimiento, las pruebas de nuevas técnicas, la participación en el proceso de fiabilización de nuevos productos empleados en las instalaciones.
- Organizar y supervisar los procesos y procedimientos de mantenimiento preventivo y correctivo de instalaciones solares térmicas.
- Organizar los procesos de revisión de captadores, tuberías, depósitos, intercambiadores, equipos eléctricos, sondas, purgadores, presostatos, y otros elementos sometidos a campañas de revisión, con el objetivo de conseguir que la mayor parte del mantenimiento sea de tipo preventivo.
- Controlar y supervisar las maniobras de puesta en funcionamiento y parada de instalaciones solares térmicas con arreglo a los requisitos de calidad, eficacia y seguridad.
- Considerar en la elaboración de los programas de mantenimiento los puntos críticos de las instalaciones que implican mayor riesgo de sobretemperatura, heladas, falta de suministro energético o modificación de los parámetros normales.
- Elaborar las especificaciones de los distintos materiales y equipos empleados en el mantenimiento de instalaciones solares térmicas para la gestión de su adquisición.
- Garantizar el cumplimiento de los objetivos de producción, los programas de mantenimiento establecidos, optimizar los recursos propios y determinar las necesidades de apoyo externo.

- Organizar y controlar la aplicación de las normas y medidas de prevención de riesgos, seguridad, salud y medioambientales en el mantenimiento de instalaciones solares térmicas.
- Identificar y controlar los riesgos profesionales derivados de la intervención de mantenimiento, aplicando el plan de seguridad en el mantenimiento.
- Supervisar y controlar la gestión, despliegue y ubicación de infraestructuras de seguridad y salud de la instalación.
- Supervisar el empleo, funcionamiento y estado de conservación de los equipos de seguridad y protección personal utilizados en las labores de mantenimiento.
- Supervisar el empleo, funcionamiento y estado de conservación de maquinaria, vehículos, herramientas y otros equipos utilizados en la obra, desde el punto de vista de la seguridad.
- Controlar y supervisar las operaciones de ajuste y adaptación estacional de instalaciones, relacionadas con las variaciones climatológicas, con arreglo a los requisitos de calidad, eficacia y seguridad.
- Analizar los resultados de las maniobras y operaciones de ajuste para extraer conclusiones sobre la optimización del rendimiento y la seguridad de la instalación.
- Coordinar y controlar los recursos humanos disponibles, maquinaria, herramientas, parques móviles, sistemas de comunicación y otros elementos necesarios para la ejecución de los distintos tipos de mantenimiento, bajo premisas de eficacia, eficiencia y con la máxima calidad.

- Gestionar el plan de emergencias relacionado con el proceso de mantenimiento.
- Evaluar y controlar los riesgos de tipo medioambiental para evitarlos o reducirlos en todo momento.
- Controlar y supervisar el mantenimiento de los parques móviles, herramientas, maquinaria, sistemas de comunicación y otros equipos.
- Analizar la documentación técnica de instalaciones solares térmicas determinando las actividades y recursos, para planificar el proceso de mantenimiento.
- Describir la documentación técnica referida a la instalación solar térmica, necesaria para realizar la planificación de su mantenimiento.
- Identificar, en el proyecto o plan de mantenimiento, los equipos y elementos de las instalaciones solares térmicas con el fin de planificar el mantenimiento.
- Determinar los puntos críticos de una instalación solar térmica en los que pueden producirse averías, sus causas y las consecuencias funcionales y para la seguridad de las mismas.
- Elaborar los procedimientos escritos de las operaciones de mantenimiento de instalaciones solares térmicas, determinando las tareas, materiales, medios y criterios para el control de la ejecución.
- Seleccionar, de entre el conjunto de las operaciones de mantenimiento preventivo de una instalación solar térmica,

aquellas que requieren procedimientos escritos, justificando su selección.

- Describir el plan de seguridad en el proceso de mantenimiento y determinar los medios y equipos de seguridad que hay que tener en cuenta para la realización de la reparación, generando la documentación técnica necesaria en el proceso de intervención.
- Detallar el funcionamiento de los sistemas de telecontrol y telemedida de instalaciones solares térmicas.
- En un caso práctico de elaboración de un plan de mantenimiento de una o varias instalaciones solares térmicas, determinar los tipos de intervención y temporalización, establecer las cargas de trabajo de los recursos humanos y de los medios materiales necesarios para la realización del mantenimiento, y elaborar la relación de repuestos y productos consumibles que son necesarios para dicho período.
- Elaborar especificaciones de diferentes materiales para gestionar su adquisición en el proceso de mantenimiento.
- En el procedimiento para la aplicación del mantenimiento preventivo y correctivo, en el que se sustituyan los diferentes tipos de piezas o equipos, con ayuda de la documentación técnica:
  - — Establecer el orden o secuencia de las diferentes tareas del desmontaje y montaje, detallando las operaciones previas relacionadas con la seguridad.

— Definir las especificaciones de las operaciones que hay que realizar.

— Describir la técnica que se va a utilizar en las distintas tareas, estableciendo materiales, medios, herramientas, tiempos y recursos humanos necesarios.

— Plantear los requisitos y tareas concernientes a la seguridad de la operación.

— Comprobar que se observan las medidas de seguridad establecidas en la realización de todas las operaciones.

— Supervisar la puesta en servicio de la instalación solar térmica.

- Razonar las características del gráfico de cargas de trabajo.
- Aplicar técnicas de programación que optimicen los recursos con el fin de elaborar los programas de intervención y de seguimiento del mantenimiento.
- Explicar las distintas técnicas de programación del mantenimiento preventivo y los requisitos que se deben cumplir en cada una de ellas.

2.1. Mantenimiento técnico legal

En el capítulo anterior, en el punto 1.1 Mantenimiento: función, objetivos y tipos, se ha indicado la normativa vigente para las IST, la cual es la que aplica para establecer el mantenimiento técnico legal.

Se van a desarrollar los aspectos relacionados de cada una de estas normativas, así como el significado y los aspectos más importantes de estas:

1. Reglamento de Instalaciones Térmicas en la Edificación (RITE)

Dentro del RITE, el mantenimiento de las instalaciones se trata en el Capítulo VI. «Condiciones para el uso y mantenimiento de la instalación» y en la Instrucción Técnica IT 3. «Mantenimiento y uso».

Entre los capítulos V y VI del RITE, se encuentra distribuido en los siguientes artículos:

- Artículo 24. Puesta en servicio de la instalación (Capítulo V).
- Artículo 25. Titulares y usuarios (Capítulo VI).
- Artículo 26. Mantenimiento de las instalaciones (Capítulo VI).
- Artículo 27. Registro de las operaciones de mantenimiento (Capítulo VI).
- Artículo 28. Certificado de mantenimiento (Capítulo VI).

El punto de partida se encuentra en el **Artículo 24 del Capítulo V** del RITE, en su apartado 8 b, según el cual se tiene que hacer entrega al propietario del «Manual de uso y mantenimiento» de la instalación realmente ejecutada.

En el resto de artículos (Capítulo VI), un resumen de lo que se indica en general es:

Artículo 25. Titulares y usuarios

1. El titular o usuario de las instalaciones térmicas es responsable del cumplimiento del RITE desde el momento en que se realiza su recepción provisional, en lo que se refiere a su uso y mantenimiento.
2. Las instalaciones térmicas se utilizarán adecuadamente, de conformidad con las instrucciones de uso contenidas en el «Manual de uso y mantenimiento» de la instalación térmica.

3. Se pondrá en conocimiento del responsable de mantenimiento cualquier anomalía que se observe en el funcionamiento normal de las instalaciones térmicas.
4. Las instalaciones mantendrán sus características originales. Si son necesarias reformas, estas deben ser efectuadas por empresas autorizadas para ello de acuerdo a lo prescrito por este RITE y el CTE.
5. El titular de la instalación será responsable de que se realicen las siguientes acciones:
    a. Encargar a una empresa mantenedora autorizada la realización del mantenimiento de la instalación térmica.
    b. Realizar las inspecciones obligatorias y conservar su correspondiente documentación.
    c. Conservar la documentación de todas las actuaciones, ya sean de reparación o reforma realizadas en la instalación térmica, así como las relacionadas con el fin de la vida útil de la misma o sus equipos, consignándose en el «Libro del edificio».

Artículo 26. Mantenimiento de las instalaciones

1. Las operaciones de mantenimiento de las instalaciones sujetas al RITE se realizarán mediante empresas mantenedoras autorizadas.
2. Al hacerse cargo del mantenimiento, el titular de la instalación entregará al representante de la empresa mantenedora una copia del «Manual de uso y mantenimiento » de la instalación térmica, contenido en el «Libro del edificio».
3. La empresa mantenedora será responsable de que el mantenimiento de la instalación térmica sea realizado correctamente de acuerdo con las instrucciones del «Manual de uso y mantenimiento» y con las exigencias de este RITE.
4. El «Manual de uso y mantenimiento» de la instalación térmica debe contener las instrucciones de seguridad y de manejo y maniobra de la instalación, así como los programas de funcionamiento, mantenimiento preventivo y gestión energética.
5. Será obligación del mantenedor autorizado y del director de mantenimiento, cuando la participación de este último sea preceptiva, la actualización y adecuación permanente de la documentación contenida en el «Manual de uso y mantenimiento» a las características técnicas de la instalación.

6. El mantenimiento de las instalaciones sujetas a este RITE será realizado de acuerdo con lo establecido en la IT 3, «Mantenimiento y uso».
7. En el caso de las instalaciones solares térmicas, la clasificación en los apartados anteriores será la que corresponda a la potencia térmica nominal en generación de calor o frío del equipo de energía de apoyo. En el caso de que no exista este equipo de energía de apoyo, la potencia, a estos efectos, se determinará multiplicando la superficie de apertura de campo de los captadores solares instalados por 0,7 kW/m^2.
8. El titular de la instalación podrá realizar con personal de su plantilla el mantenimiento de sus propias instalaciones térmicas siempre y cuando acredite cumplir con los requisitos exigidos en el Artículo 41 para el ejercicio de la actividad de mantenimiento, y sea autorizado por el órgano competente de la comunidad autónoma.

Artículo 27. Registro de las operaciones de mantenimiento

1. Toda instalación térmica debe disponer de un registro en el que se recoja las operaciones de mantenimiento y las reparaciones que se produzcan en la instalación, y que formará parte del «Libro del edificio».
2. El titular de la instalación será responsable de su existencia y lo tendrá a disposición de las autoridades competentes que así lo exijan por inspección o cualquier otro requerimiento. Se deberá conservar durante un tiempo no inferior a cinco años, contados a partir de la fecha de ejecución de la correspondiente operación de mantenimiento.
3. La empresa mantenedora confeccionará el registro y será responsable de las anotaciones en el mismo.

Artículo 28. Certificado de mantenimiento

1. Anualmente el mantenedor autorizado titular del carné profesional y el director de mantenimiento, cuando la participación de este último sea preceptiva, suscribirán el certificado de mantenimiento, que será enviado, si así se determina, al órgano competente de la comunidad autónoma, quedando una copia del mismo en posesión del titular de la instalación. La validez del certificado de mantenimiento expedido será como máximo de un año.
2. El certificado de mantenimiento, según modelo establecido por el órgano competente de la comunidad autónoma, tendrá como mínimo el contenido siguiente:

a. Identificación de la instalación.

b. Identificación de la empresa mantenedora, mantenedor autorizado responsable de la instalación y del director de mantenimiento, cuando la participación de este último sea preceptiva.

c. Los resultados de las operaciones realizadas de acuerdo con la IT 3.

d. Declaración expresa de que la instalación ha sido mantenida de acuerdo con el «Manual de uso y mantenimiento» y que cumple con los requisitos exigidos en la IT 3.

Se expondrán ahora los aspectos más oportunos de la **Instrucción Técnica IT3. «Mantenimiento y Uso»**, la cual desarrolla las condiciones técnicas que debe cumplir la instalación para su mantenimiento.

En la **IT 3.1**, de generalidades, se indica la obligatoriedad que tienen las instalaciones térmicas de asegurar que su funcionamiento, a lo largo de su vida útil, se realice con la máxima eficiencia energética, garantizando la seguridad, la durabilidad y la protección del medio ambiente y evitando las emisiones a la atmósfera, así como las exigencias establecidas en el proyecto o memoria técnica de la instalación final realizada.

En la **IT 3.2**, de mantenimiento y uso de las instalaciones térmicas, se indica que las instalaciones térmicas se operarán y mantendrán según su potencia y características técnicas de acuerdo a las IT tal y como se indica:

1. Programa de mantenimiento preventivo: **IT 3.3**. Las instalaciones térmicas se mantendrán de acuerdo con las operaciones y periodicidades contenidas en el programa de mantenimiento preventivo establecido en el «Manual de uso y mantenimiento» cuando este exista. Para las IST, las periodicidades serán al menos las indicadas a continuación:

Tabla 2.1. Periodicidad del mantenimiento en IST

Equipos y potencias útiles nominales (Pn)	Usos	
	Viviendas	Restantes usos
Instalaciones solares térmicas Pn≤14 kW	Anual	Anual
Instalaciones solares térmicas Pn>14 kW	Semestral	Semestral

A esto se añade que:

- En instalaciones de potencia útil nominal hasta 70 kW, con supervisión remota en continuo, la periodicidad se puede incrementar hasta dos años, siempre que estén garantizadas las condiciones de seguridad y eficiencia energética. En todos los casos se tendrán en cuenta las especificaciones de los fabricantes de los equipos.

- Para instalaciones de potencia útil nominal menor o igual a 70 kW cuando no exista «Manual de uso y mantenimiento», las instalaciones se mantendrán de acuerdo con el criterio profesional de la empresa mantenedora.

A título orientativo se indican las operaciones de mantenimiento preventivo de calefacción y agua caliente sanitaria; las periodicidades corresponden a las indicadas en la tabla anterior:

1. Revisión de aparatos exclusivos para la producción de ACS: $Pn \leq 24{,}4$ kW.
2. Revisión de aparatos exclusivos para la producción de ACS: $24{,}4 \text{ kW} < Pn \leq 70$ kW.
6. Revisión del vaso de expansión.
7. Revisión de los sistemas de tratamiento de agua.
9. Comprobación de niveles de agua en circuitos.
10. Comprobación de tarado de elementos de seguridad.
11. Revisión y limpieza de filtros de agua.
12. Revisión del sistema de preparación de agua caliente sanitaria (limpieza de depósitos, purga, etcétera).
13. Revisión del estado del aislamiento térmico, especialmente en las instalaciones ubicadas a la intemperie.
14. Revisión del sistema de control automático.
15. Revisión del estado de los captadores solares (limpieza, estado de cristales, juntas, absorbedor, carcasa y conexiones) estructura y apoyos.
16. Adopción de medidas contra sobrecalentamiento (tapado, vaciado de captadores, etcétera).
17. Purgado del campo de captación.
18. Verificación del estado de la mezcla anticongelante (PH, grado de protección antihelada, etc.) y actuación del sistema de llenado.
19. Revisión del estado del sistema de intercambio (limpieza, etcétera).

Se han indicado únicamente las operaciones que afectan a las IST.

Para instalaciones de potencia útil nominal mayor de 70 kW cuando no exista «Manual de uso y mantenimiento» la empresa mantenedora contratada elaborará un «Manual de uso y mantenimiento» que entregará al titular de la instalación.

Las operaciones en los diferentes componentes de las instalaciones serán para instalaciones de potencia útil mayor de 70 kW las indicadas a continuación:

Operaciones de mantenimiento preventivo y su periodicidad.

8. Revisión del vaso de expansión: m.
9. Revisión de los sistemas de tratamiento de agua: m.
14. Comprobación de niveles de agua en circuitos: m.
15. Comprobación de estanquidad de circuitos de tuberías: t.
16. Comprobación de estanquidad de válvulas de interceptación: 2 t.
17. Comprobación de tarado de elementos de seguridad: m.
18. Revisión y limpieza de filtros de agua: 2 t.
19. Revisión y limpieza de filtros de aire: m.
20. Revisión de baterías de intercambio térmico: t.
28. Revisión del sistema de preparación de agua caliente sanitaria: m.
29. Revisión del estado del aislamiento térmico, especialmente en las instalaciones ubicadas a la intemperie: t.
30. Revisión del sistema de control automático: 2 t.
37. Revisión de la red de conductos según criterio de la norma UNE 100012: t.
38. Revisión de la calidad ambiental según criterios de la norma UNE 171330: t.
39. Revisión del estado de los captadores solares (limpieza, estado de cristales, juntas, absorbedor, carcasa y conexiones) y estructura y apoyos: 2 t y S*.
40. Adopción de medidas contra sobrecalentamiento (tapado, vaciado de captadores, etc.): 2 t.
41. Purgado del campo de captación: 2 t.
42. Verificación del estado de la mezcla anticongelante (PH, grado de protección antihelada, etc.) y actuación del sistema de llenado: t.
43. Revisión del estado del sistema de intercambio (limpieza, etc.): t.

S: Una vez cada semana.

S*: Estas operaciones podrán realizarse por el propio usuario, con el asesoramiento previo del mantenedor.

m: Una vez al mes; la primera al inicio de la temporada.

t: Una vez por temporada (año).

2 t: Dos veces por temporada (año); una al inicio de la misma y otra a la mitad del período de uso, siempre que haya una diferencia mínima de dos meses entre ambas.

Nuevamente, solo se han indicado las operaciones que afectan a las IST.

2. Programa de gestión energética: **IT 3.4.**

   En las instalaciones de energía renovable destinadas a dar cumplimiento con lo establecido en la sección HE4 del Código Técnico de la Edificación que dispongan de los sistemas de medición de la energía suministrada establecidos en la IT 1.2.4.4, se realizará un seguimiento periódico del consumo de agua caliente sanitaria y de las necesidades energéticas para climatizar las piscinas cubiertas y de la contribución renovable, midiendo y registrando los valores. Una vez al año se realizará una verificación del cumplimiento de la exigencia que figura en la sección HE 4 del Código Técnico de la Edificación.

   Todo esto se expone en el punto 2.2 del capítulo anterior.

3. Instrucciones de seguridad: **IT 3.5.**

   Las instrucciones de seguridad serán adecuadas a las características técnicas de la instalación concreta y su objetivo será reducir a límites aceptables el riesgo de que los usuarios u operarios sufran daños inmediatos durante el uso de la instalación.

   En el caso de instalaciones de potencia térmica nominal mayor que 70 kW estas instrucciones deben estar claramente visibles antes del acceso y en el interior de salas de máquinas, locales técnicos y junto a aparatos y equipos, con absoluta prioridad sobre el resto de instrucciones y deben hacer referencia, entre otros, a los siguientes aspectos de la instalación: parada de los equipos antes de una intervención; desconexión de la corriente eléctrica antes de intervenir en un equipo; colocación de advertencias antes de intervenir en un equipo, indicaciones de seguridad para distintas presiones, temperaturas, intensidades eléctricas, etc.; cierre de válvulas antes de abrir un circuito hidráulico, etcétera.

4. Instrucciones de manejo y maniobra: **IT 3.6.**

   Las instrucciones de manejo y maniobra serán adecuadas a las características técnicas de la instalación concreta y deben servir para efectuar la puesta en marcha y parada de la instalación, de forma total o parcial, y para conseguir cualquier programa de funcionamiento y servicio previsto.

   En el caso de instalaciones de potencia térmica nominal mayor que 70 kW estas instrucciones deben estar situadas en un lugar visible de la sala de máquinas y locales técnicos y deben hacer referencia, entre otros, a los siguientes aspectos de la instalación: secuencia de arranque de bombas de circulación; limitación de puntas de potencia eléctrica, evitando poner en marcha simultáneamente varios motores a plena carga; utilización del sistema de enfriamiento gratuito en régimen de verano y de invierno...

5. Programa de funcionamiento: **IT 3.7.**

   El programa de funcionamiento será adecuado a las características técnicas de la instalación concreta con el fin de dar el servicio demandado con el mínimo consumo energético.

   En el caso de instalaciones de potencia térmica nominal mayor que 70 kW comprenderá los siguientes aspectos:

   - Horario de puesta en marcha y parada de la instalación.
   - Orden de puesta en marcha y parada de los equipos.
   - Programa de modificación del régimen de funcionamiento.
   - Programa de paradas intermedias del conjunto o de parte de equipos.
   - Programa y régimen especial para los fines de semana y para condiciones especiales de uso del edificio o de condiciones exteriores excepcionales.

2. Código Técnico de la Edificación. Lo referente a mantenimiento se encuentra en el «Documento Básico de Ahorro de Energía HE 4: Contribución solar mínima de agua caliente sanitaria». Aunque el documento se ha actualizado y no se han incluido estas operaciones, se van a indicar porque son bastante indicativas.

Sin perjuicio de aquellas operaciones de mantenimiento derivadas de otras normativas, para englobar todas las operaciones necesarias durante la vida de la instalación para asegurar el funcionamiento, aumentar la fiabilidad y prolongar la duración de la misma, se definen dos escalones complementarios de actuación:

a) Plan de vigilancia. El plan de vigilancia se refiere básicamente a las operaciones que permiten asegurar que los valores operacionales de la instalación sean correctos. Es un plan de observación simple de los parámetros funcionales principales para verificar el correcto funcionamiento de la instalación.

Tendrá el alcance descrito en la presente tabla:

Tabla 2.2. Operaciones del plan de vigilancia CTE

Elemento de la instalación	Operación	Frecuencia (meses)	Descripción
Captadores	Limpieza de cristales	Por determinar	Con agua y productos adecuados
	Cristales	3	IV Condensaciones en las horas centrales del día
	Juntas	3	IV Agrietamientos y deformaciones
	Absorbedor	3	IV Corrosión, deformación, fugas...
	Conexiones	3	IV Fugas
	Estructuras	3	IV Degradación, indicios de corrosión...
Circuito primario	Tubería, aislamiento y sistema de llenado	6	IV Ausencia de humedad y fugas
	Purgador manual	3	Vaciar el aire del botellín
Circuito secundario	Termómetro	Diaria	IV Temperatura
	Tubería y aislamiento	6	IV Ausencia de humedad y fugas
	Acumulador solar	3	Purgado de la acumulación de lodos de la parte inferior del depósito

(1) IV: Inspección visual

b) Plan de mantenimiento

Son operaciones de inspección visual, verificación de actuaciones y otros, que aplicados a la instalación deben permitir mantener dentro de límites aceptables las condiciones de funcionamiento, prestaciones, protección y durabilidad de la instalación.

El mantenimiento implicará, como mínimo, una revisión anual de la instalación para instalaciones con superficie de captación inferior a 20 m^2 y una revisión cada seis meses para instalaciones con superficie de captación superior a 20 m^2.

El plan de mantenimiento deberá realizarse por personal técnico competente que conozca la tecnología solar térmica y las instalaciones mecánicas en general. La instalación tendrá un libro de mantenimiento en el que se reflejen todas las operaciones realizadas, así como el mantenimiento correctivo.

El mantenimiento ha de incluir todas las operaciones de mantenimiento y sustitución de elementos fungibles o desgastados por el uso necesarias para asegurar que el sistema funcione correctamente durante su vida útil.

A continuación, se desarrollan de forma detallada las operaciones de mantenimiento que deben realizarse en las instalaciones de energía solar térmica para producción de agua caliente, la periodicidad mínima establecida (en meses) y observaciones en relación con las prevenciones que se deben observar.

Tabla 2.3. Operaciones de mantenimiento en el sistema de captación

Sistema de captación		
Equipo	**Frecuencia (meses)**	**IV Descripción**
Captadores	6	IV Diferencias sobre original
Cristales	6	IV Diferencias entre captadores
Juntas	6	IV Condensaciones y suciedad
Absorbedor	6	IV Agrietamientos y deformaciones
Carcasa	6	IV Deformaciones, oscilaciones, ventanas de respiración
Conexiones	6	IV Aparición de fugas
Estructura	6	IV Degradación, indicios de corrosión y apriete de tornillos
Captadores	12	Tapado parcial del campo de captadores
Captadores	12	Destapado parcial del campo de captadores
Captadores	12	Llenado parcial del campo de captadores
Captadores	12	Vaciado parcial del campo de captadores

(1) IV: Inspección visual

Tabla 2.4. Operaciones de mantenimiento en el sistema de acumulación

Sistema de acumulación		
Equipo	**Frecuencia (meses)**	**Descripción**
Depósito	12	Presencia de lodos en fondo
Ánodo de sacrificio	12	Comprobación del desgaste
Ánodo de corriente impresa	12	Comprobación del buen funcionamiento
Aislamiento	12	Comprobar que no hay humedad

Tabla 2.5. Operaciones de mantenimiento en el sistema de intercambio

Sistema de intercambio		
Equipo	**Frecuencia (meses)**	**Descripción**
Intercambiador de placas	12	CF eficiencia y prestaciones
	12	limpieza
Intercambiador de serpentín	12	CF eficiencia y prestaciones
	12	limpieza

(1) CF: Control de funcionamiento

Tabla 2.6. Operaciones de mantenimiento en el sistema hidráulico

Circuito hidráulico		
Equipo	**Frecuencia (meses)**	**Descripción**
Fluido refrigerante	12	Comprobar densidad y pH
Estanqueidad	24	Efectuar prueba de presión
Aislamiento al exterior	6	IV Degradación y protección uniones y ausencia de humedad
Aislamiento interior	12	Uniones y ausencia de humedad
Purgador automático	12	CF y limpieza
Purgador manual	6	Vaciar el aire del botellín
Bomba	12	Estanqueidad
Vaso expansión cerrado	6	Comprobación de la presión
Vaso expansión abierto	6	Comprobación del nivel
Sistema de llenado	6	CF actuación
Válvula de corte	12	CF actuación (abrir y cerrar) para evitar agarrotamiento
Válvula de seguridad	12	CF actuación

(1) IV: Inspección visual

(2) CF: Control de funcionamiento

Tabla 2.7. Operaciones de mantenimiento en el sistema eléctrico y de control

Sistemas eléctricos y de control		
Equipo	**Frecuencia (meses)**	**Descripción**
Cuadro eléctrico	12	Comprobar que está bien cerrado para que no entre polvo
Control diferencial	12	CF actuación
Termostato	12	CF actuación
Verificación del sistema de medida	12	CF actuación

(1) CF: Control de funcionamiento

Tabla 2.8. Operaciones de mantenimiento en el sistema de energía auxiliar

Sistemas de energía auxiliar		
Equipo	**Frecuencia (meses)**	**Descripción**
Sistema auxiliar	12	CF actuación
Sondas de temperatura	12	CF actuación

(1) CF: Control de funcionamiento

Nota: Para las instalaciones menores de 20 m^2 se realizarán conjuntamente en la inspección anual las labores del plan de mantenimiento que tienen una frecuencia de 6 y 12 meses.

No se incluyen los trabajos propios del mantenimiento del sistema auxiliar.

3. Pliego Condiciones Técnicas para Instalaciones Solares Térmicas de Baja Temperatura de IDAE (Instituto de Diversificación y Ahorro de la Energía)

Esta normativa, de rango inferior, es la más antigua, y se puede afirmar que ha servido de base tanto a las anteriores como a los pliegos de condiciones técnicas de las distintas comunidades en esta materia.

Se va a exponer esta normativa a continuación:

Generalidades. Se realizará un contrato de mantenimiento (preventivo y correctivo) por un período de tiempo al menos igual que el de la garantía.

El mantenimiento preventivo implica, como mínimo, una revisión anual de la instalación para instalaciones con superficie útil homologada inferior o igual a 20 m^2 y una revisión cada seis meses para instalaciones con superficies superiores a 20 m^2.

Las medidas que se deben tomar en el caso de que en algún mes del año el aporte solar sobrepase el 110 % de la demanda energética o en más de tres meses seguidos el 100 % son las siguientes:

- Vaciado parcial del campo de captadores. Esta solución permite evitar el sobrecalentamiento, pero, dada la pérdida de parte del fluido del circuito primario, habrá de ser repuesto por un fluido de características similares, debiendo incluirse este trabajo en su caso entre las labores del contrato de mantenimiento.
- Tapado parcial del campo de captadores. En este caso, el captador está aislado del calentamiento producido por la radiación solar y a su vez evacúa

los posibles excedentes térmicos residuales a través del fluido del circuito primario (que sigue atravesando el captador).

- Desvío de los excedentes energéticos a otras aplicaciones existentes o redimensionar la instalación con una disminución del número de captadores.

En el caso de optarse por las soluciones expuestas en los puntos anteriores, deberán programarse y detallarse dentro del contrato de mantenimiento las visitas que se van a realizar para el vaciado/tapado parcial del campo de captadores y reposición de las condiciones iniciales. Estas visitas se programan de forma que se realicen una antes y otra después de cada período de sobreproducción energética. También se incluirá dentro del contrato de mantenimiento un programa de seguimiento de la instalación que prevendrá los posibles daños ocasionados por los posibles sobrecalentamientos producidos en los citados períodos y en cualquier otro período del año.

Programa de mantenimiento

Objeto. El objeto de este apartado es definir las condiciones generales mínimas que deben seguirse para el adecuado mantenimiento de las instalaciones de energía solar térmica para producción de agua caliente.

Criterios generales. Se definen tres escalones de actuación para englobar todas las operaciones necesarias durante la vida útil de la instalación para asegurar el funcionamiento, aumentar la fiabilidad y prolongar la duración de la misma:

a) Vigilancia

b) Mantenimiento preventivo

c) Mantenimiento correctivo

Se desarrolla cada uno:

a) Plan de vigilancia

    El plan de vigilancia se refiere básicamente a las operaciones que permiten asegurar que los valores operacionales de la instalación sean correctos. Es un plan de observación simple de los parámetros funcionales principales para verificar el correcto funcionamiento de la instalación. Será llevado a cabo, normalmente, por el usuario, que, asesorado por el instalador, observará el correcto comportamiento y estado de los elementos y tendrá un alcance similar al descrito en la siguiente tabla.

Tabla 2.9. Operaciones del plan de vigilancia IDAE

Elemento de la instalación	Operación	Frecuencia (meses)	Descripción(*)
Captadores	Limpieza de cristales	A determinar	Con agua y productos adecuados
	Cristales	3	IV Condensaciones en las horas centrales del día
	Juntas	3	IV Agrietamientos y deformaciones
	Absorbedor	3	IV Corrosión, deformación, fugas…
	Conexiones	3	IV Fugas
Circuito primario	Tubería, aislamiento y sistema de llenado	6	IV Ausencia de humedad y fugas
	Purgador manual	3	Vaciar el aire del botellín
Circuito secundario	Tratamiento antilegionela	12	Aplicación procedimiento de desinfección del anexo 4 del RD 487/2022
	Tubería y aislamiento	6	IV Ausencia de humedad y fugas

(1) IV: Inspección visual.

b) Plan de mantenimiento preventivo

Son operaciones de inspección visual, verificación de actuaciones y otras, que, aplicadas a la instalación deben permitir mantener dentro de límites aceptables las condiciones de funcionamiento, prestaciones, protección y durabilidad de la misma.

El mantenimiento preventivo implicará, como mínimo, una revisión anual de la instalación para aquellas instalaciones con una superficie de captación inferior a 20 m^2, y una revisión cada seis meses para instalaciones con superficie de captación superior a 20 m^2.

El plan de mantenimiento debe realizarse por personal técnico especializado que conozca la tecnología solar térmica y las instalaciones mecánicas en general. La instalación tendrá un libro de mantenimiento en el que se reflejen todas las operaciones realizadas, así como el mantenimiento correctivo.

El mantenimiento preventivo ha de incluir todas las operaciones de mantenimiento y sustitución de elementos fungibles o desgastados por el uso necesarias para asegurar que el sistema funcione correctamente durante su vida útil.

En las tablas siguientes se definen las operaciones de mantenimiento preventivo que deben realizarse en las instalaciones de energía solar térmica para producción de agua caliente, la periodicidad mínima establecida (en meses) y descripciones en relación con las prevenciones que se deben observar.

Tabla 2.10. Operaciones de mantenimiento en el sistema de captación y acumulación

Sistema de captación		
Equipo	**Frecuencia (meses)**	**IV Descripción**
Captadores	6	IV Diferencias sobre original
Cristales	6	IV Diferencias entre captadores
Juntas de degradación	6	IV Condensaciones y suciedad
Absorbedor	6	IV Agrietamientos y deformaciones
Carcasa	6	IV Deformaciones, oscilaciones, ventanas de respiración
Conexiones	6	IV Aparición de fugas
Estructura	6	IV Degradación, indicios de corrosión y apriete de tornillos

Sistema de acumulación		
Equipo	**Frecuencia (meses)**	**Descripción**
Depósito	24	Presencia de lodos en fondo
Ánodo de sacrificio	12	Comprobación del desgaste
Aislamiento	12	Comprobar que no hay humedad

(1) IV: Inspección visual.

Tabla 2.11. Operaciones de mantenimiento en el sistema de intercambio

Sistema de intercambio (*)		
Equipo	**Frecuencia (meses)**	**Descripción**
Intercambiador de placas	12	CF eficiencia y prestaciones
	60	limpieza
Intercambiador de serpentín	12	CF eficiencia y prestaciones
	60	limpieza

(1) CF: Control de funcionamiento.

Tabla 2.12. Operaciones de mantenimiento del circuito hidráulico

Circuito hidráulico		
Equipo	**Frecuencia (meses)**	**Descripción**
Fluido refrigerante	12	Comprobar densidad y pH
Estanqueidad	24	Efectuar prueba de presión
Aislamiento al exterior	6	IV Degradación y protección uniones y ausencia de humedad
Aislamiento interior	12	Uniones y ausencia de humedad
Purgador automático	12	CF y limpieza
Purgador manual	6	Vaciar el aire del botellín
Bomba	12	Estanqueidad
Vaso expansión cerrado	6	Comprobación de la presión
Vaso expansión abierto	6	Comprobación del nivel
Sistema de llenado	6	CF actuación
Válvula de corte	12	CF actuación (abrir y cerrar) para evitar agarrotamiento
Válvula de seguridad	12	CF actuación

(1) IV: Inspección visual

(2) CF: Control de funcionamiento

Tabla 2.13. Operaciones de mantenimiento en el sistema eléctrico y de control

Sistemas eléctricos y de control		
Equipo	**Frecuencia (meses)**	**Descripción**
Cuadro eléctrico	12	Comprobar que está bien cerrado para que no entre polvo
Control diferencial	12	CF actuación
Termostato	12	CF actuación

(1) CF: Control de funcionamiento

Tabla 2.14. Operaciones de mantenimiento en el sistema auxiliar

Sistemas de energía auxiliar		
Equipo	**Frecuencia (meses)**	**Descripción**
Sistema auxiliar	12	CF actuación
Sondas de temperatura	12	CF actuación

(1) CF: Control de funcionamiento

Dado que el sistema de energía auxiliar no forma parte del sistema de energía solar propiamente dicho, solo será necesario realizar actuaciones sobre las conexiones del primero a este último, así como la verificación del funcionamiento combinado de ambos sistemas.

Se deja un mantenimiento más exhaustivo para la empresa instaladora del sistema auxiliar.

c) Mantenimiento correctivo

Son operaciones realizadas como consecuencia de la detección de cualquier anomalía en el funcionamiento de la instalación, en el plan de vigilancia o en el de mantenimiento preventivo.

Incluye la visita a la instalación, en los mismos plazos máximos indicados en el apartado de «Garantías», cada vez que el usuario así lo requiera por avería grave de la instalación, así como el análisis y presupuestación de los trabajos y reposiciones necesarias para el correcto funcionamiento de la misma.

Los costes económicos del mantenimiento correctivo, con el alcance indicado, forman parte del precio anual del contrato de mantenimiento. Podrán no estar incluidas ni la mano de obra ni las reposiciones de equipos necesarias.

Garantías

El suministrador garantizará la instalación durante un período mínimo de tres años, para todos los materiales utilizados y el procedimiento empleado en su montaje.

Sin perjuicio de cualquier posible reclamación a terceros, la instalación será reparada de acuerdo con estas condiciones generales si ha sufrido una avería a causa de un defecto de montaje o de cualquiera de los componentes, siempre que haya sido manipulada correctamente de acuerdo con lo establecido en el manual de instrucciones.

La garantía se concede a favor del comprador de la instalación, lo que deberá justificarse debidamente mediante el correspondiente certificado de garantía, con la fecha que se acredite en la certificación de la instalación.

Si hubiera de interrumpirse la explotación del suministro debido a razones de las que es responsable el suministrador o a reparaciones que el suministrador haya de realizar para cumplir las estipulaciones de la garantía, el plazo se prolongará por la duración total de dichas interrupciones.

La garantía comprende la reparación o reposición, en su caso, de los componentes y las piezas que pudieran resultar defectuosas, así como la mano de obra empleada en la reparación o reposición durante el plazo de vigencia de la garantía.

Quedan expresamente incluidos todos los demás gastos, tales como tiempos de desplazamiento, medios de transporte, amortización de vehículos y herramientas, disponibilidad de otros medios y eventuales portes de recogida y devolución de los equipos para su reparación en los talleres del fabricante.

Asimismo, se deben incluir la mano de obra y materiales necesarios para efectuar los ajustes y eventuales reglajes del funcionamiento de la instalación.

Si en un plazo razonable, el suministrador incumple las obligaciones derivadas de la garantía, el comprador de la instalación podrá, previa notificación escrita, fijar una fecha final para que dicho suministrador cumpla con las mismas. Si el suministrador no cumple con sus obligaciones en dicho plazo último, el comprador de la instalación podrá, por cuenta y riesgo del suministrador, realizar por sí mismo o contratar a un tercero para realizar las oportunas reparaciones, sin perjuicio de la ejecución del aval prestado y de la reclamación por daños y perjuicios en que hubiere incurrido el suministrador.

La garantía podrá anularse cuando la instalación haya sido reparada, modificada o desmontada, aunque solo sea en parte, por personas ajenas al suministrador o a los servicios de asistencia técnica de los fabricantes no autorizados expresamente por el suministrador.

Cuando el usuario detecte un defecto de funcionamiento en la instalación, lo comunicará fehacientemente al suministrador. Cuando el suministrador considere que es un defecto de fabricación de algún componente lo comunicará fehacientemente al fabricante.

El suministrador deberá atender el aviso en un plazo de:

— 24 horas, si se interrumpe el suministro de agua caliente, procurando establecer un servicio mínimo hasta el correcto funcionamiento de ambos sistemas (solar y de apoyo).

— 48 horas, si la instalación solar no funciona.

— Una semana, si el fallo no afecta al funcionamiento.

Las averías de las instalaciones se repararán en su lugar de ubicación por el suministrador. Si la avería de algún componente no pudiera ser reparada en el domicilio del usuario, el componente deberá ser enviado al taller oficial designado por el fabricante por cuenta y a cargo del suministrador.

El suministrador realizará las reparaciones o reposiciones de piezas a la mayor brevedad posible una vez recibido el aviso de avería, pero no se responsabilizará de los perjuicios causados por la demora en dichas reparaciones siempre que sea inferior a 15 días naturales.

4. Reglamento Electrotécnico de Baja Tensión, de 2002, y sus sucesivas modificaciones.

Respecto a las instalaciones eléctricas, hay que tener en cuenta para aislar eléctricamente una instalación las siguientes instrucciones técnicas complementarias del Reglamento Electrotécnico de Baja Tensión:

- ITC-BT-18, de instalaciones de puesta a tierra.
- ITC-BT-22, de protección contra sobreintensidades.
- ITC-BT-23, de protección contra sobretensiones.
- ITC-BT-24, de protección contra los contactos directos e indirectos.

A continuación, se exponen de manera resumida, para centrarse en los aspectos que más interesan. Si se quiere profundizar en la materia, se propone revisar estas instrucciones.

- **ITC-BT-18**, de instalaciones de puesta a tierra.

  Las puestas a tierra se establecen principalmente con objeto de limitar la tensión que, con respecto a tierra, puedan presentar en un momento dado las masas metálicas, asegurar la actuación de las protecciones y eliminar o disminuir el riesgo que supone una avería en los materiales eléctricos utilizados.

  La puesta o conexión a tierra es la unión eléctrica directa, sin fusibles ni protección alguna, de una parte del circuito eléctrico o de una parte conductora no perteneciente al mismo mediante una toma de tierra con un electrodo o grupos de electrodos enterrados en el suelo.

  Mediante la instalación de puesta a tierra se deberá conseguir que en el conjunto de instalaciones, edificios y superficie próxima del terreno no aparezcan diferencias de potencial peligrosas y que, al mismo tiempo, permita el paso a tierra de las corrientes de defecto o las de descarga de origen atmosférico.

A continuación, se representa un circuito de puesta a tierra.

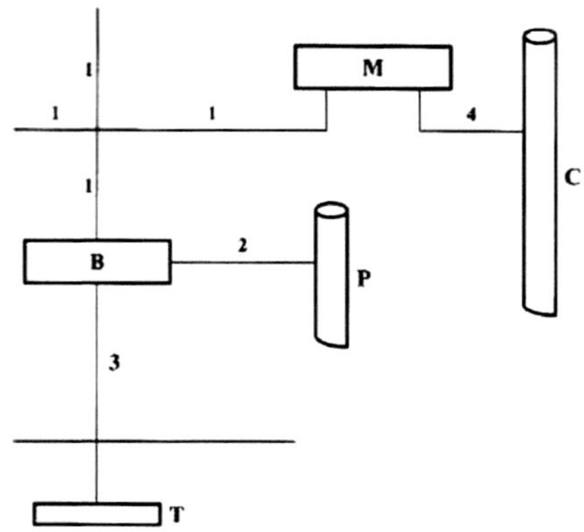

Figura 2.1. Circuito de puesta a tierra.

Leyenda

1 Conductor de presión
2 Conductor de unión equipotencial principal
3 Conductor de tierra
4 Conductor de equipotencialidad suplementaria
B Borne principal de tierra
M Masa
C Elemento conductor
P Canalización metálica principal de agua
T Toma de tierra

- **ITC-BT-22**, de protección contra sobreintensidades.

  Todo circuito estará protegido contra los efectos de las sobreintensidades que puedan presentarse en el mismo, para lo cual la interrupción de este circuito se realizará en un tiempo conveniente o estará dimensionado para las sobreintensidades previsibles.

  Las sobreintensidades pueden estar motivadas por:

  — Sobrecargas debidas a los aparatos de utilización o defectos de aislamiento de gran impedancia.

  — Cortocircuitos.

  Se desarrolla cada una:

  — Protección contra sobrecargas. El límite de intensidad de corriente admisible en un conductor ha de quedar en todo caso garantizada por el dispositivo de protección utilizado.

El dispositivo de protección podrá estar constituido por un interruptor automático de corte omnipolar con curva térmica de corte o por cortacircuitos fusibles calibrados de características de funcionamiento adecuadas.

— Protección contra cortocircuitos. En el origen de todo circuito se establecerá un dispositivo de protección contra cortocircuitos cuya capacidad de corte estará de acuerdo con la intensidad de cortocircuito que pueda presentarse en el punto de su conexión. Se admite, no obstante, que cuando se trate de circuitos derivados de uno principal, cada uno de estos circuitos derivados disponga de protección contra sobrecargas, mientras que un solo dispositivo general pueda asegurar la protección contra cortocircuitos para todos los circuitos derivados.

Se admiten como dispositivos de protección contra cortocircuitos los fusibles calibrados de características de funcionamiento adecuadas y los interruptores automáticos con sistema de corte omnipolar.

- **ITC-BT-23**, de protección contra sobretensiones.

Esta instrucción trata de la protección de las instalaciones eléctricas interiores contra las sobretensiones transitorias que se transmiten por las redes de distribución y que se originan, fundamentalmente, como consecuencia de las descargas atmosféricas, conmutaciones de redes y defectos en las mismas.

El nivel de sobretensión que puede aparecer en la red es función del: nivel isoceraúnico estimado, tipo de acometida aérea o subterránea, proximidad del transformador de MT/BT, etc. La incidencia que la sobretensión puede tener en la seguridad de las personas, instalaciones y equipos, así como su repercusión en la continuidad del servicio es función de:

— La coordinación del aislamiento de los equipos.

— Las características de los dispositivos de protección contra sobretensiones, su instalación y su ubicación.

— La existencia de una adecuada red de tierras.

Esta instrucción contiene las indicaciones para cuando la protección contra sobretensiones está prescrita o recomendada en las líneas de alimentación principal 230/400 V en corriente alterna, no contemplándose en la misma otros casos como, por ejemplo, la protección de señales de medida, control y telecomunicación.

Las categorías de sobretensiones permiten distinguir los diversos grados de tensión soportada a las sobretensiones en cada una de las partes de la instalación, equipos y receptores. Mediante una adecuada selección de la categoría, se puede lograr la coordinación del aislamiento necesario en el conjunto de la instalación, reduciendo el riesgo de fallo a un nivel aceptable y proporcionando una base para el control de la sobretensión.

Las categorías indican los valores de tensión soportada a la onda de choque de sobretensión que deben de tener los equipos, determinando, a su vez, el valor límite máximo de tensión residual que deben permitir los diferentes dispositivos de protección de cada zona para evitar el posible daño de dichos equipos. La reducción de las sobretensiones de entrada a valores inferiores a los indicados en cada categoría se consigue con una estrategia de protección en cascada que integra tres niveles de protección: basta, media y fina, logrando de esta forma un nivel de tensión residual no peligroso para los equipos y una capacidad de derivación de energía que prolonga la vida y efectividad de los dispositivos de protección.

Se distinguen cuatro categorías diferentes, indicando en cada caso el nivel de tensión soportada a impulsos, en kilovoltios (kV), según la tensión nominal de la instalación.

— Categoría I. Se aplica a los equipos muy sensibles a las sobretensiones y que están destinados a ser conectados a la instalación eléctrica fija. En este caso, las medidas de protección se toman fuera de los equipos que se quiere proteger, ya sea en la instalación fija o entre la instalación fija y los equipos, con objeto de limitar las sobretensiones a un nivel específico.

  Ejemplo: ordenadores, equipos electrónicos muy sensibles, etcétera.

— Categoría II. Se aplica a los equipos destinados a conectarse a una instalación eléctrica fija.

  Ejemplo: electrodomésticos, herramientas portátiles y otros equipos similares.

— Categoría III. Se aplica a los equipos y materiales que forman parte de la instalación eléctrica fija y a otros equipos para los cuales se requiere un alto nivel de fiabilidad.

  Ejemplo: armarios de distribución, embarrados, aparamenta (interruptores, seccionadores, tomas de corriente...), canalizaciones y sus accesorios (cables, caja de derivación...), motores con conexión eléctrica fija (ascensores, máquinas industriales...), etcétera.

— Categoría IV. Se aplica a los equipos y materiales que se conectan en el origen o muy próximos al origen de la instalación, aguas arriba del cuadro de distribución.

  Ejemplo: contadores de energía, aparatos de telemedida, equipos principales de protección contra sobreintensidades, etcétera.

En el caso de las IST, se tendrían en cuenta las categorías II, III y IV, según el dispositivo.

Es preciso distinguir dos tipos de sobretensiones:

— Las producidas como consecuencia de la descarga directa del rayo. Esta instrucción no trata este caso.

— Las debidas a la influencia de la descarga lejana del rayo, conmutaciones de la red, defectos de red, efectos inductivos, capacitivos, etcétera.

Se pueden presentar dos situaciones diferentes:

— Situación natural: cuando no es preciso la protección contra las sobretensiones transitorias.

  Cuando se prevé un bajo riesgo de sobretensiones en una instalación (debido a que está alimentada por una red subterránea en su totalidad), se considera suficiente la resistencia a las sobretensiones de los equipos que se indican en la siguiente tabla y no se requiere ninguna protección suplementaria contra las sobretensiones transitorias.

  Una línea aérea constituida por conductores aislados con pantalla metálica unida a tierra en sus dos extremos se considera equivalente a una línea subterránea.

— Situación controlada: cuando es preciso la protección contra las sobretensiones transitorias.

  Cuando una instalación se alimenta por, o incluye, una línea aérea con conductores desnudos o aislados, se considera necesaria una protección contra sobretensiones de origen atmosférico en el origen de la instalación.

  El nivel de sobretensiones puede controlarse mediante dispositivos de protección contra las sobretensiones, colocados en las líneas aéreas (siempre que estén suficientemente próximos al origen de la instalación) o en la instalación eléctrica del edificio.

  También se considera situación controlada aquella situación natural en que es conveniente incluir dispositivos de protección para una mayor seguridad (por ejemplo, continuidad de servicio, valor económico de los equipos, pérdidas irreparables, etcétera).

Los dispositivos de protección contra sobretensiones de origen atmosférico deben seleccionarse de forma que su nivel de protección sea inferior a la tensión soportada a impulso de la categoría de los equipos y materiales que se prevé que se vayan a instalar.

Los equipos y materiales deben escogerse de manera que su tensión soportada a impulsos no sea inferior a la tensión soportada prescrita en la tabla siguiente, según su categoría.

Los equipos y materiales que tengan una tensión soportada a impulsos inferior a la indicada en la siguiente tabla se pueden utilizar, no obstante:

— En situación natural, cuando el riesgo sea aceptable.

— En situación controlada si la protección contra las sobretensiones es adecuada.

Tabla 2.15. Tensión soportada

Tensión nominal de la instalación		Tensión soportada a impulsos 1,2/50 (kV)			
Sistemas trifásicos	Sistemas monofásicos	Categoría IV	Categoría III	Categoría II	Categoría I
230/400	230	6	4	2,5	1,5
400/690/1000	—	8	6	4	2,5

- **ITC-BT-24**, de protección contra los contactos directos e indirectos.

La presente instrucción describe las medidas destinadas a asegurar la protección de las personas y animales domésticos contra los choques eléctricos.

En la protección contra los choques eléctricos se aplicarán las medidas apropiadas:

— Para la protección contra los contactos directos y contra los contactos indirectos a la vez.

— Para la protección contra contactos directos.

— Para la protección contra contactos indirectos.

Se desarrollará cada caso:

— La protección contra los choques eléctricos para contactos directos e indirectos a la vez se realiza mediante la utilización de muy baja tensión de seguridad MBTS, que debe cumplir las siguientes condiciones:

  – Tensión nominal en el campo I de acuerdo a la norma UNE 20481 y la ITC-BT36.
  – Fuente de alimentación de seguridad para MBTS de acuerdo con lo indicado en la norma UNE 20460441.
  – Los circuitos de instalaciones para MBTS cumplirán lo que se indica en la norma UNE 20460441 y en la ITC-BT-36.

— La protección contra contactos directos consiste en tomar las medidas destinadas a proteger las personas contra los peligros que pueden derivarse de un contacto con las partes activas de los materiales eléctricos.

  Salvo indicación contraria, los medios que se deben utilizar vienen expuestos y definidos en la norma UNE 20460441, que son habitualmente:

  - Protección por aislamiento de las partes activas.
  - Protección por medio de barreras o envolventes.
  - Protección por medio de obstáculos.
  - Protección por puesta fuera de alcance por alejamiento.
  - Protección complementaria por dispositivos de corriente diferencial residual.

La protección de los contactos indirectos se consigue de varias formas, la más extendida es corte automático de la alimentación.

El corte automático de la alimentación después de la aparición de un fallo está destinado a impedir que una tensión de contacto de valor suficiente se mantenga durante un tiempo tal que puede dar como resultado un riesgo.

Debe existir una adecuada coordinación entre el esquema de conexiones a tierra de la instalación utilizado de entre los descritos en la ITC-BT-08 y las características de los dispositivos de protección.

El corte automático de la alimentación está prescrito cuando puede producirse un efecto peligroso en las personas o animales domésticos en caso de defecto, debido al valor y duración de la tensión de contacto. Se utilizará como referencia lo indicado en la norma UNE 20572-1.

La tensión límite convencional es igual a 50 V, valor eficaz en corriente alterna, en condiciones normales. En ciertas condiciones pueden especificarse valores menos elevados como, por ejemplo, 24 V para las instalaciones de alumbrado público contempladas en la ITC-BT-09, apartado 10.

Se describen a continuación aquellos aspectos más significativos que deben reunir los sistemas de protección en función de los distintos esquemas de conexión de la instalación, según la ITC-BT-08 y que la norma UNE 20460441 define cada caso.

2.2. Sistemas automáticos de telemedida y control

Los sistemas automáticos de telemedida y control benefician el mantenimiento de las IST de manera considerable.

Cuando se habla de telemedida, se refiere a la medida a distancia; el sistema es capaz de medir mediante las sondas instaladas en los distintos puntos de la IST los valores de los parámetros físicos que se pretenden gobernar.

Esas medidas se recogen en la base de datos del PLC o autómata programable, que las procesa, y según las consignas que se le han marcado, emite señales de control del sistema.

Esas órdenes de control son las que rigen el funcionamiento de la instalación; se deben dar las consignas necesarias para que, por ejemplo, se fijen los valores de parada y funcionamiento de las bombas.

Para el mantenimiento, la centralita de control tiene la posibilidad de introducir órdenes para prevenir algunos problemas, por ejemplo, como para prevenir las heladas, mediante un valor de consigna en temperatura que haga recircular el agua en el circuito primario.

Existen diferentes tipos de PLC o centrales de control; desde las comerciales estándar, que también se usan en calefacción o aire acondicionado, con una serie de parámetros medibles, consignas y órdenes, hasta las más sofisticadas, con posibilidad de, por ejemplo, 128 entradas o salidas.

Las especificaciones de un autómata programable tipo, que ha sido configurado para su utilización en el control de sistemas de energía solar térmica de complejidad, como pueden ser instalaciones de aporte industrial o edificio de viviendas, constan de los siguientes elementos:

- 1 CPU, con 12 entradas discretas y 8 salidas discretas.
- 1 módulo de 16 entradas discretas.

- 1 módulo de 16 salidas discretas.
- 1 módulo de señales analógicas de 2 entradas y 1 salida.
- 1 web *server* para el sistema de comunicaciones remotas.
- 1 módulo entrada/salida de datos con pantalla táctil.

Con ello, el sistema controla los siguientes puntos:

- 15 señales de temperatura.
- 12 órdenes de marcha/paro a bombas.
- 4 órdenes de abrir/cerrar a válvulas motorizadas.
- 5 contadores de agua.

A través del web *server* es posible comunicar un programa de adquisición de datos con el que se puede controlar la instalación y verificar, de forma remota, el buen funcionamiento de la misma. Puede, por supuesto, utilizarse otro sistema.

Por supuesto, la elección de este elemento dependerá del tamaño de la IST y del número de parámetros que se quieran controlar para el mantenimiento, así como de la economía de la que se disponga.

Los parámetros de control, con sus canales de indicación, que suele medir una centralita de control básica para una instalación de más de 50 m^2 para el mantenimiento de una IST, son:

- Temperatura de captadores.
- Temperatura del acumulador.
- Siempre suelen tener una sonda de temperatura adicional, para medir en algún otro punto de la IST.
- Temperatura de las bombas. Es opcional, pero interesante.

Con ella se suele actuar sobre las operaciones que se desean controlar:

- Diferencia de temperatura para el arranque de las bombas.
- Temperatura máxima de almacenamiento (evitar sobrecalentamiento, se deja de transmitir calor al acumulador).
- Temperatura de agua en primario (evitar heladas y sobrecalentamiento, para lo cual puede saltar un disipador de calor).
- Arranque termostato (apoyo energía auxiliar).

También se debe respetar lo que marca la IT.2.3.4 del RITE, de Control automático, en la que se indica que:

1. Se ajustarán los parámetros del sistema de control automático a los valores de diseño especificados en el proyecto o memoria técnica y se comprobará el funcionamiento de los componentes que configuran el sistema de control.
2. Para ello, se establecerán los criterios de seguimiento basados en la propia estructura del sistema, en función de los niveles del proceso siguientes: nivel de unidades de campo, nivel de proceso, nivel de comunicaciones, nivel de gestión y telegestión.
3. Los niveles de proceso serán verificados para constatar su adaptación a la aplicación, de acuerdo con la base de datos especificados en el proyecto o memoria técnica. Son válidos a estos efectos los protocolos establecidos en la norma UNE-EN-ISO 16484-3.
4. Cuando la instalación disponga de un sistema de control, mando y gestión o telegestión basado en la tecnología de la información, su mantenimiento y la actualización de las versiones de los programas deberá ser realizado por personal cualificado o por el mismo suministrador de los programas.

2.3. Cálculo de necesidades

Para planificar y ejecutar un plan de mantenimiento preventivo, el paso previo es establecer las necesidades, para, de esta manera, poder determinar las características de este.

Los pasos para determinar las necesidades son:

1. Determinación de las metas y objetivos.

   El primer paso para desarrollar un programa de mantenimiento preventivo es determinar exactamente qué es lo que se quiere obtener del programa.

   Usualmente el mejor inicio es trabajar sobre una base limitada y expandirse después de obtener algunos resultados positivos.

   Por ejemplo:

   — Incrementar la disponibilidad de los equipos en un 60 %.

   — Reducir las averías en un 70 %.

   — Incrementar el radio del mantenimiento programado respecto al mantenimiento correctivo en una proporción de 2 a 1.

2. Establecer los requerimientos para el mantenimiento preventivo.

   Decidir qué extenso puede ser el programa de mantenimiento preventivo. Qué debe de incluir y dónde se debe de iniciar.

   Y los equipos que se deben incluir. La mejor forma de iniciar esta actividad es determinar cuáles son los equipos más críticos en la instalación. A partir, y en orden al equipo menos crítico, realizar la lista entera de equipos.

3. Desarrollo de un plan de entrenamiento.

   Es necesario un plan de entrenamiento para poder llevar a cabo las metas fijadas; para ello se determinarán los requerimientos que se pretenden alcanzar, y se desarrolla un plan comprensible para acoplarlo a la línea de tiempo establecida.

4. Reunir y organizar los datos.

   Esta puede ser una actividad bastante pesada, independientemente de si tiene implementado o no un sistema completo.

   Son diversos los elementos requeridos para ordenar e implementar un programa de mantenimiento preventivo.

   Para establecer las necesidades del programa de mantenimiento preventivo se siguen los siguientes pasos:

   — Los equipos que se incluyan en el programa de mantenimiento preventivo deben estar en el listado de equipos.

   — Se requiere de una tabla de criterios (frecuencias de mantenimiento preventivo). Esta tabla indica al sistema con qué frecuencia debe generar las órdenes de trabajo o su gráfico de mantenimiento preventivo, así como el establecimiento de otros parámetros para el programa.

   — Requiere planear sus operarios y contratistas para sus órdenes de trabajo de mantenimiento preventivo, el programa necesitará códigos de oficios y actividades. Adicionalmente, necesitará ingresar estos datos en la base de datos electrónica o enlazarlos de alguna manera con el programa de mantenimiento preventivo.

   — La planeación y el uso de materiales en los registros del mantenimiento preventivo por máquina requiere para ello ingresar con anticipación los artículos de inventario y enlazarlos al programa de mantenimiento preventivo.

   — Se deben tener procedimientos detallados o listados de rutinas listos en el sistema o en algún procesador que facilite su control, de allí que se tenga que planear su codificación.

— Tabla de frecuencias de mantenimiento preventivo. Una vez que se han seleccionado los equipos que serán incluidos en el programa de mantenimiento preventivo se necesitará determinar con qué frecuencia se va a utilizar en cada orden de trabajo que se ha de emitir.

— Calendario. Determinar un número de días entre las inspecciones o ejecución del mantenimiento preventivo. Usualmente la mayoría del equipo caerá dentro de esta categoría. Este tipo de mantenimiento preventivo es más fácil de establecer y controlar.

Procedimientos del mantenimiento preventivo

- El programa de mantenimiento preventivo deberá incluir procedimientos detallados que deben ser completados en cada inspección o ciclo. Existen varias formas para realizar estos procedimientos en las órdenes de trabajo de mantenimiento preventivo.
- Relacionar los procedimientos con la orden de trabajo y los reportes individuales de mantenimiento preventivo.
- De ser posible, utilizar o diseñar procedimientos para las órdenes de trabajo correctivo o rutinario. En algunos casos, se colocan los procedimientos en un lugar específico en los equipos.
- Utilizar un procesador de palabras externos para esta función y programas para planos, dibujos y fotografías.

2.4. Planificación de cargas

Una vez se tiene toda la información reunida, se necesitará revisar la prioridad entre las tareas para comenzar la operación.

- Deben existir varios reportes que permiten este tipo de revisión, pero el primero que se debe revisar es el programa de ejecución de mantenimiento preventivo. Un reporte así prevé un buen panorama de todos los equipos con registro de mantenimiento preventivo y permite una selección completa y capacidad de ordenamiento para la impresión o elaboración de las órdenes de trabajo, de acuerdo con los requerimientos.
- Se puede también utilizar una gráfica de carga de trabajo. La idea principal es observar las órdenes de trabajo de mantenimiento preventivo con una prioridad definida, y aquellas tareas del mantenimiento preventivo que no se han generado todavía, con una indicación, como la fecha de su generación para su fácil detección.

Con estos dos reportes, el programa de ejecución de mantenimiento preventivo y la gráfica de carga de trabajo serán útiles una vez que se hayan generado las órdenes de trabajo del mantenimiento preventivo y se necesite ajustar la carga de trabajo, proporcionando también la predicción del mantenimiento preventivo antes de que se genere y hacer los ajustes necesarios, inclusive las necesidades de producción de la disponibilidad de maquinaria y equipos.

Para ajustar la carga de trabajo del mantenimiento preventivo antes de la generación, se necesitará usar una opción de cambios en el programa de mantenimiento preventivo y asignar los datos a los registros maestros con el fin de generarlos sobre los datos que se desee.

Una vez que todos los ajustes se hayan hecho, se estará listo para generar el primer listado de órdenes de trabajo de mantenimiento preventivo; en un sistema computarizado, esto es básicamente un proceso automático. Todo lo que se necesita es dar la instrucción de generación, una vez generado, cualquier ajuste fino puede ser realizado, a través de la característica de programación de órdenes de trabajo.

Cuando se tiene todo como se requiere, se estará listo para generar los programas y despachar las órdenes de trabajo.

Se puede generar una gráfica de cargas de trabajo de distintas maneras; una de ellas bastante eficaz, es mediante un diagrama de Gantt.

Estos diagramas, lo que permiten es planificar las tareas, ordenándose según su importancia, fecha de cumplimiento y tanto por ciento completado, aunque es posible añadir otros criterios.

Estos diagramas se pueden realizar tanto en digital como manualmente. En el primer caso, mediante herramientas informáticas, como Open Project o MS Project, entre otras.

2.5. Determinación de tiempos

Para completar el plan, los técnicos deberán definir la dedicación de tiempo necesaria para cada trabajo, de forma unitaria, así como la categoría del personal de servicio que deba cumplimentarlo.

La definición de tiempos necesarios para cada tarea específica no puede ser establecida basándose en ningún criterio matemático ni preconcebido, dado que trabajos idénticos pueden requerir aplicaciones de tiempos diferentes en unas instalaciones y en otras, e incluso actuaciones idénticas sobre elementos idénticos, dentro de una misma instalación, pueden requerir tiempos diferentes.

El tiempo destinado a la puesta en práctica de cada tarea debe establecerse, en cada caso, por los técnicos que diseñan el programa de mantenimiento preventivo, o por el director técnico de mantenimiento, para cada elemento concreto, en función de la experiencia y capacitación del personal al que inicialmente se asigne el servicio, de la experiencia adquirida en instalaciones similares y, de forma muy especial, del conocimiento del elemento que se quiere mantener y de las dificultades o facilidades particulares que implique el acceso al elemento en cuestión para llevar a cabo las intervenciones de mantenimiento (factor de dificultad/mantenibilidad).

Existen múltiples baremos para asignación de tiempos de intervención. Puede afirmarse que cada empresa de mantenimiento tiene el suyo.

Una vez definidos los tiempos por tarea y por elemento, teniendo en cuenta el factor dificultad indicado anteriormente como el más determinante, se deberán optimizar los tiempos en cada gama o protocolo en función del número de elementos iguales o similares que puedan afectarse por actuaciones de forma simultánea, es decir, utilizando un factor de minoración del tiempo total requerido (factor de simultaneidad), en función de la simultaneidad de trabajos que puedan aplicarse sobre un mismo elemento o bien planificando actuaciones que impliquen la misma tarea sobre elementos iguales o similares de la misma instalación, por ejemplo, sustitución de llaves de corte.

Como resultado de este ejercicio se obtendrán los tiempos totales necesarios para llevar a la práctica el programa de mantenimiento en toda su extensión. A partir de esta base, se podrán definir los alcances de cada actuación o intervención y los trabajos que deberán realizarse en cada actuación, agrupándolas por frecuencias para configurar los programas de trabajo de cada mes, cada semana, cada día, etc., asignando los recursos humanos y medios técnicos necesarios para llevarlas a cabo.

2.6. Documentación para la planificación y programación

Una vez llevados a cabo los pasos anteriores, con la documentación expuesta a continuación, se puede planificar y ejecutar totalmente un plan de mantenimiento preventivo (PMP, en adelante).

1. Recopilación de documentación técnica

   Para organizar, planificar y gestionar un PMP, el primer paso es recopilar toda la documentación técnica de esta; aunque un PMP tiene pautas generales, evidentemente depende de la tipología y factor de escala de la instalación.

Asimismo, también es un factor muy importante, que en este proceso formen parte el proyectista y los instaladores, los cuales tienen la mayor información sobre los detalles de esta, al haber formado parte de los procesos anteriores, el de diseño e instalación.

En caso de que los encargados del mantenimiento no hayan estado en este proceso, necesitarán visitar la instalación para inspeccionar todos los aspectos interesantes, y documentarlos.

Aun así, será necesario tener acceso a la información técnica sobre la instalación en cuestión, es decir, al proyecto de ejecución y al proyecto *as-built*, proyecto sobre el estado real en que la instalación ha quedado construida.

Esta información técnica servirá de guía, muy útil, para el técnico que debe desarrollar el establecimiento del PMP, tanto para facilitar la localización e identificación de los elementos componentes de cada sistema como para conocer las condiciones de funcionamiento para las que han sido diseñados y seleccionados. La documentación técnica de la instalación es, prácticamente, el único medio para conocer sus particularidades de diseño.

Dentro de esta información técnica, deben estar incluidas todos las fichas técnicas de los fabricantes de equipos y accesorios que forman parte de la instalación, que aportan una información imprescindible, para especificar las particularidades de cada equipo dentro del conjunto de la instalación.

Por supuesto, según la complejidad de la instalación, el volumen de información, y por consiguiente, la extensión del PMP variará; en el caso de equipos domésticos para producción de ACS, el equipo, al estar homologado, tiene su manual técnico en el que se recogen todos sus componentes.

En el caso de instalaciones de mayor envergadura, no se tiene que recopilar información técnica de cada equipo o accesorio por separado, y se puede llegar a tener un gran volumen.

Por otra parte, se recomienda hacer un reportaje fotográfico que muestre el estado de la instalación inicial, para guardarlo de histórico, así como estimar todos aquellos aspectos de la instalación que no pueden recogerse en los planos, y que pueden incidir en el PMP, para su documentación.

Esto hace referencia a determinados detalles, como por ejemplo puede ser alguna conexión forzada, alguna parte del circuito hidráulico que puede estar expuesta a un desgaste no reflejado en planos; son los pequeños detalles los que pueden crear problemas durante la explotación de la instalación.

No se quiere exponer, que estos detalles sean fallos de los proyectos de ejecución o *as-built*, ya que, siempre es posible, que haya pequeños detalles que se pasan, que desemboquen en futuros problemas de la instalación, si no se toman medidas preventivas.

Toda esta documentación debe formar parte del «Libro del edificio» y ser tenida en cuenta para la implementación del PMP, como información imprescindible para conseguir la correcta explotación de cualquier instalación y valiosísima para determinar los criterios idóneos de mantenimiento predictivo y preventivo que deban aplicarse en cada caso, junto con otra información posterior, que también debe estar recogida en el «Libro del edificio», tal como los archivos correspondientes a cualquier servicio de mantenimiento prestado con anterioridad, las modificaciones efectuadas sobre las instalaciones después de su puesta en marcha inicial, los informes de estado de la instalación, los históricos de averías, etcétera.

2. Inventario de instalaciones

   Una vez analizada la documentación técnica disponible sobre la instalación o instalaciones para las que se está preparando un PMP y localizados e identificados físicamente los componentes de cada instalación mediante las visitas necesarias, el paso siguiente será confeccionar el inventario específico de elementos y componentes sujetos a mantenimiento.

   Un criterio para realizar un inventario puede ser identificar los sistemas principales, después sus subsistemas, y así sucesivamente. De otro modo, también se puede establecer un criterio parecido al que se toma cuando se estudia la materia, es decir, agrupándolos de esta manera:

   — Sistema de captación
   — Sistema de intercambio
   — Sistema de control
   — Sistema hidráulico primario
   — Sistema hidráulico secundario
   — Sistema auxiliar

   Se puede, por supuesto, tomar otros criterios o añadir otros sistemas.

   Este inventario deberá ser elaborado con toda la minuciosidad y exhaustividad que sea posible, compilando la información sobre cada equipo que resulte necesaria para cumplimentar, acto seguido o paralelamente, una ficha técnica de cada elemento o familia sujeto a mantenimiento.

   Se recomienda realizar algunas fichas no para equipos en sí, sino para los detalles antes citados.

Para mayor comodidad, es una idea informatizar este archivo; de hecho, se podría decir que es imprescindible utilizar herramientas informáticas. Se pueden utilizar, desde sencillas hojas Excel, o programas en Access, hasta una aplicación informática de gestión del mantenimiento asistida por ordenador, las cuales se tratará más adelante.

3. Cumplimentación de fichas técnicas

Una vez se ha documentado la instalación, tal y como se ha detallado en el punto anterior, se rellenarán fichas técnicas para cada equipo y accesorio de la instalación.

Para la confección de fichas técnicas podrá utilizarse cualquier tipo de formato o formulario preestablecido. Más abajo se muestra uno tipo.

Las fichas deberán disponer, al menos, de los datos relativos a:

— Identificación del equipo en cada sistema y función a la que se destina. Conviene ordenarlos también por familias.
— Datos y características técnicas de cada elemento. Datos del fabricante.
— Componentes singulares que lo configuran.
— Frecuencias de revisión que se le asignen, según las recomendaciones de su fabricante, o bien según los protocolos de mantenimiento que se le apliquen posteriormente.
— Características del estado en que se encuentra.

Para la cumplimentación de las fichas será muy valiosa la aportación de los técnicos que tengan experiencia en el mantenimiento del elemento concreto o de elementos similares, sobre todo en lo referente a las necesidades de atención que puedan ser requeridas y a sus particularidades de manipulación. Esta información puede quedar recogida en campos destinados a notas o comentarios.

También dependerá, de si la instalación se toma en un estado inicial o ya tiene un histórico de explotación, lo cual se debe reflejar.

Se deberá añadir la información referente a los repuestos recomendados para cada elemento o equipo, que deberán facilitar los fabricantes.

Es importante, y dependiendo del tamaño de la instalación, imprescindible, utilizar herramientas informáticas para realizar estas fichas.

La fase de cumplimentación de fichas técnicas determinará si es necesario completar la información recabada en campo llevando a cabo visitas complementarias a las instalaciones.

Como complemento de las fichas técnicas se deberán confeccionar formularios o protocolos de toma de datos de funcionamiento para todos los equipos y elementos componentes cuyo mantenimiento preventivo los haga precisos.

A continuación, se muestra una ficha técnica tipo:

Ficha técnica de equipo				
Equipo Nº			Asignada al departamento	
Denominación			Asignada centro de coste	
Marca			Asignada a la línea	
Tipo			Asignada a la célula	
Nº fabricación			Localización	
Fabricante			Asignada a la factoría	
Fecha adquisición			Pérdidas	
Fecha recepción			Peso	
Fecha instalación			Color	
Puesta en marcha			Potencia total	
Edificio				
Dirección				
Cód. Edificio				
Componentes del equipo				
Cantidad	**Marca**	**Datos técnicos**	**Fabricante**	**Tipo**
Consumibles precisos				
Cantidad	**Marca**	**Tipo**	**Fabricante**	**Datos técnicos**
Estado del equipo				
Accesibilidad				
Entorno				
Elementos auxiliares				
Ruido				
Mejoras introducidas	**Fecha**	**Descripción mejora**	**Proveedor**	**OT de la mejora**
Frecuencia revisiones				

Figura 2.2. Ficha técnica tipo.

Informe previo

El proceso de toma de datos para cumplimentación de fichas técnicas, así como los datos sobre condiciones de funcionamiento recabados en una instalación durante esta fase, permitirá que los técnicos que están elaborando el PMP obtengan un conocimiento muy específico sobre las condiciones de disponibilidad y sobre el estado de funcionalidad de los diferentes elementos y componentes de cada instalación concreta. Este conocimiento deberá materializarse en un informe, dirigido a la propiedad o a los usuarios del edificio, sobre las condiciones de partida en las que se encuentran las instalaciones antes de la puesta en práctica del servicio de mantenimiento que se está diseñando.

El informe previo sobre el estado de una instalación comporta la cumplimentación de dos objetivos fundamentales:

— Llevar al conocimiento de las propiedades y usuarios el estado de disponibilidad y de funcionamiento en el que se encuentran las instalaciones que van a ser objeto del mantenimiento contratado. Lo cual posibilita plantear actuaciones de modificación o acciones correctivas *a priori* que hagan posible la puesta a punto de aquellos elementos, equipos o sistemas que no se encuentren en condiciones correctas.

— Establecer el punto origen, por todos los conceptos de funcionalidad, eficiencia, etc., de la instalación que va a ser mantenida. Lo que permitirá valorar los resultados que se obtengan de las actuaciones previas de modificación que se lleven a la práctica y, posteriormente, contrastar la efectividad de las revisiones de mantenimiento que se programen inicialmente para adaptarlas si fuera necesario y controlar las desviaciones que se vayan produciendo con el transcurso del tiempo.

5. Selección de gamas o protocolos

A partir del conocimiento exhaustivo de las características de los elementos y equipos, componentes de cada instalación concreta, y una vez catalogados por familias o grupos y cumplimentadas sus correspondientes fichas, se podrán establecer las gamas o protocolos de revisiones específicas, de mantenimiento preventivo, que se deberán aplicar inicialmente a cada equipo o conjunto.

Para la identificación de estos protocolos específicos deberán revisarse las gamas genéricas que se recogen en el Capítulo 4 de este libro, confeccionadas para las familias más significativas y de uso más frecuente entre las que pueden definirse en una instalación térmica actual.

Los protocolos que se aportan en el Capítulo 4 se consideran genéricos ya que establecen todas las intervenciones y tareas que, con carácter general, pueden aplicarse a los elementos componentes de cada familia.

Igualmente las frecuencias de intervención que se indican en cada protocolo de revisión se han definido con carácter general, respetando lo establecido en el RITE para todas las tareas que en él se especifica llevar a la práctica, de cara a la definición de cada plan de mantenimiento concreto, en el que se deberán estructurar los programas de tareas y frecuencias particulares para todos elementos y equipos de la instalación de que se trate.

Como complemento de los protocolos de revisiones de mantenimiento preventivo propuestos se deberán planificar las actuaciones de mantenimiento técnico-legal que correspondan a cada elemento de cada instalación específica.

6. Adaptación de intervenciones y frecuencias

   Es previsible que, en una instalación real y concreta, no se utilicen algunos de los elementos considerados, o que existan elementos complementarios que no se han recogido en dichas gamas, o que la experiencia o las características singulares de la instalación hagan necesario modificar las frecuencias de intervención propuestas. Esto siempre que la modificación no suponga menoscabo de la utilidad del servicio de mantenimiento aplicado para asegurar el funcionamiento correcto de las instalaciones y para garantizar los rendimientos óptimos de los equipos que las componen, dentro de los requisitos establecidos reglamentariamente.

   Consecuentemente, los técnicos encargados de la confección del PMP específico deberán tomar las gamas genéricas propuestas como guía, y seleccionar y adaptar las tareas y sus frecuencias a las características y necesidades particulares de la instalación cuyo mantenimiento preventivo se está planificando. Siempre que sea necesaria la modificación, los técnicos deberán aplicar criterios de adaptación enfocados a conseguir la optimización de costes del servicio sin menoscabo de la fiabilidad, disponibilidad y eficiencia energética de la instalación sujeta a mantenimiento.

   El PMP que se establezca inicialmente deberá ser lo suficientemente flexible como para poder asimilar posteriores modificaciones o adaptaciones de los protocolos y tareas, que se hayan definido *a priori*, en función de las necesidades reales de cada instalación y de su evolución, funcional y energética, durante el transcurso de su vida operativa.

El PMP deberá quedar diseñado con posibilidad de dar cabida a nuevas gamas específicas, correspondientes a nuevos elementos que se puedan incorporar a la instalación, así como de aplicar modificaciones de intervenciones y frecuencias, dentro de cada gama, que puedan venir condicionadas por modificaciones de elementos o por cambios en sus condiciones de utilización o en sus requerimientos de servicio.

Las posibilidades de modificación que pueden plantearse en un plan con el transcurso del tiempo vienen, de nuevo, a hacer recomendable la utilización de aplicaciones informáticas GMAO para la gestión del mantenimiento y para el control de esta gestión.

7. Planteamiento del servicio

   Con la cumplimentación de las fases anteriores se ha construido el programa de mantenimiento, que constituye el soporte básico de un PMP. Una vez definido el programa, conociéndose todos los elementos que hay que mantener y sus características de utilización y funcionamiento, se han seleccionado los protocolos de mantenimiento preventivo que se desea aplicar y se han definido las tareas y sus frecuencias. A este nivel puede iniciarse la puesta en acción del plan, aunque aún no está completo.

   Para considerarlo completo, el PMP no solo debe contener los datos y criterios técnicos de mantenimiento, sino también todos los conceptos económicos y de gestión que permitan llevar a cabo un servicio eficiente y una correcta explotación de las instalaciones. Para conseguir estos objetivos, los técnicos encargados de la confección del PMP deberán continuar su labor hasta completar la especificación de los detalles que se indican en los párrafos siguientes.

8. Organización de los recursos técnicos

   La organización de los recursos técnicos, humanos y materiales que se aplicarán a cada servicio deberá quedar reflejada en el PMP, indicando los nombres, niveles profesionales y especialidades de los técnicos que se dedicarán al desarrollo y puesta en práctica del plan, con especial especificación de los responsables directos de su gestión. También se deberán reseñar los medios materiales que se utilizarán en la prestación del servicio.

   La asignación y organización de estos medios está supeditada a la estructura de la empresa de mantenimiento contratada para la prestación del servicio y depende exclusivamente de ella. Por ello, no es procedente dar indicaciones en cuanto a la forma de organización de estos recursos técnicos, humanos y materiales en este documento; puesto que este se limita a recomendar, simplemente, que la asignación y organización de medios se plantee en los términos y formas que resulten más eficientes, teniendo presente en todo momento que la organización que se aplique deberá ser capaz de alcanzar los siguientes objetivos principales:

— Optimización de los recursos humanos destinados a los servicios de mantenimiento.

— Adecuación de los costes de explotación.

— Alto nivel de eficacia, basado en una correcta planificación y coordinación de los servicios.

— Agilidad de respuesta.

— Optimización de la eficiencia de las instalaciones mantenidas, lo que redundará en:

  – Incremento de la calidad de las prestaciones de cada instalación o sistema.

  – Perfeccionamiento de las condiciones de confort.

  – Optimización de los rendimientos y consumos energéticos.

  – Conservación de la eficiencia energética de los equipos instalados.

9. Documentación complementaria

Como complemento importante para la completa caracterización del PMP será preciso, además de ser reglamentariamente obligatorio, incluir la documentación e información que se indica esquemáticamente a continuación:

— Periodificación de informes. El PMP deberá contener información sobre los criterios de emisión de informes técnicos periódicos que se emitirán como documentación justificativa de la realización del servicio durante el transcurso del contrato. Se deberá indicar la frecuencia de los informes, que deberá ser mensual, como mínimo, salvo que contractualmente se estipule otra frecuencia más exigente. El PMP deberá contener el formato del documento tipo que se vaya a utilizar para la emisión de informes periódicos.

— Partes de trabajo o informes de intervención: el PMP deberá incluir el formato o formulario que los mantenedores vayan a utilizar durante la realización del servicio para el control de tiempos empleados y para la reseña de los trabajos realizados en cada actuación. Este documento tiene una doble utilidad: por una parte, permite a la empresa de mantenimiento llevar a cabo el control y seguimiento de las intervenciones realizadas sobre cada elemento y de los tiempos realmente empleados por sus operarios para desarrollarlas, lo que hace posible efectuar el seguimiento técnico y económico del programa de mantenimiento. Con esto, adecuar los protocolos y los tiempos de dedicación, previstos inicialmente, a las necesidades reales en cada caso. Por otra parte, facilita a las propiedades y usuarios la información detallada y puntual del trabajo que se está efectuando. Los partes de trabajo cumplimentados deberán irse incorporando al PMP a medida que se vayan realizando las actuaciones, configurando un archivo de información histórica del servicio prestado.

— Definición de medios técnicos y herramientas necesarias: el PMP deberá también identificar los medios técnicos, herramientas e instrumentos que se consideren necesarios *a priori* para la correcta puesta en práctica del programa de mantenimiento que se defina. Se deberán indicar los medios que permanecerán en la instalación de forma permanente, identificando los que sean propiedad de la empresa mantenedora y los que sean facilitados por la propiedad. Si durante el transcurso del servicio fuera necesario utilizar nuevos medios, diferentes de los inicialmente previstos, se deberá dejar constancia de ello en el capítulo correspondiente del PMP.

— Definición de *stock* mínimo de repuestos y materiales consumibles: el PMP deberá también establecer las necesidades de disponibilidad de materiales consumibles y repuestos básicos que se consideren imprescindibles *a priori* para el desarrollo correcto del servicio programado. Se deberá definir el *stock* mínimo imprescindible de estos materiales, teniendo en cuenta para ello no solamente la experiencia de los técnicos dedicados al establecimiento del PMP, sino también las recomendaciones al respecto de los fabricantes de los equipos y elementos más significativos o para los que se puedan prever dificultades en la localización y acopio ocasional de repuestos. Las recomendaciones de los fabricantes en todo lo referente a la utilización y al mantenimiento de sus equipos, incluyendo las relaciones de repuestos mínimos necesarios y los planos, esquemas y despieces de sus respectivos productos, deberán también formar parte de un capítulo específico del PMP.

El conjunto de documentos configurado de acuerdo a las recomendaciones aportadas en este capítulo constituirá el PMP en los términos y alcance que determina la IT 3 del RITE, para instalaciones de más de 70 kW de potencia nominal instalada. Esta IT establece también la obligatoriedad de llevar a la práctica otras actuaciones y programas que, aunque en el texto reglamentario quedan separadas del PMP, constituyen realmente actividades paralelas, de vital importancia para la correcta explotación de las instalaciones y para garantizar que se consiguen de ellas las prestaciones y utilidades para las que fueron diseñadas y construidas.

Estas actuaciones y programas paralelos al PMP son los siguientes:

— Programa de gestión energética: este programa incluye la evaluación de rendimientos de los generadores de calor y de frío, a partir de mediciones que se han tenido en cuenta en los formularios de toma de datos que se aportan en el Capítulo 3 de este libro, en atención a las especificaciones de la citada IT.

— Instrucciones de seguridad: que deberán ser facilitadas por los proyectistas, por las empresas instaladoras o por los propios mantenedores en cumplimiento de los criterios establecidos en el RITE.

— Instrucciones de manejo y maniobra: que deberán redactar los proyectistas o las empresas instaladoras, a partir de los propios criterios de diseño y utilización, que se deberán definir en los correspondientes proyectos de ejecución de las instalaciones sujetas a mantenimiento, así como de las recomendaciones de los fabricantes de los elementos que se van a mantener. Según establece el RITE, los titulares de las instalaciones entregarán a las empresas mantenedoras autorizadas o, en su caso, al director de mantenimiento las instrucciones de manejo y uso particulares de cada instalación para su puesta en práctica y para su actualización y adaptación, cuando proceda, así como para que sea transmitida a los operadores la información pertinente de manejo y uso cotidiano, en cada caso concreto.

— Programa de funcionamiento: por último, se establece la obligatoriedad y los términos de aplicación de un programa de funcionamiento específico de cada instalación, que también deberá formar parte del «Manual de uso y mantenimiento de la instalación», y que los titulares deberán entregar a las empresas mantenedoras autorizadas para que estas se encarguen de su difusión a sus técnicos y operadores para su puesta en práctica, así como de su actualización permanente. Todas las informaciones, programas y documentos indicados, junto con el PMP, configuran el denominado «Manual de uso y mantenimiento de la instalación», según se define en la IT 3 del RITE. La cumplimentación y aplicación de estas instrucciones y programas resulta de importancia vital para el mantenimiento de cualquier instalación durante el transcurso de su vida operativa y la responsabilidad de su puesta en práctica recae, para la mayoría de las actuaciones, sobre los mantenedores. Es muy recomendable tener en cuenta los requerimientos de actuación que se establezcan en los programas e instrucciones antes citados, e incluir las intervenciones predictivas, preventivas y correctivas sistemáticas necesarias, siempre que sea posible, en los protocolos de mantenimiento preventivo que se van a aplicar a los elementos que correspondan, e incluirlas así directamente en el PMP de la instalación.

En consecuencia, se recomienda complementar los protocolos de trabajos preventivos que se aportan en el Capítulo 4 de este documento, con actuaciones relativas a la supervisión de la existencia y aplicación de las instrucciones y programas relacionados, tales como las que se indican a continuación, siempre que se consideren pertinentes y realizables:

— Verificación de la existencia e idoneidad de instrucciones de seguridad adecuadas, situadas en lugar visible. Con frecuencia anual, como mínimo.

— Verificación de la idoneidad del programa de gestión energética disponible y actualización o modificación si procede. Con frecuencia anual, como mínimo.

— Verificación de la idoneidad de las instrucciones de manejo y maniobra disponibles. Con frecuencia anual, como mínimo.

— Verificación de la idoneidad del programa de funcionamiento establecido. Con frecuencia semestral, una vez por temporada, como mínimo.

— Adecuación del programa de mantenimiento establecido a los usos y necesidades del edificio, contemplando el régimen de menor consumo energético que pueda conseguirse de cada elemento. Con frecuencia anual, como mínimo.

10. Perfeccionamiento de planes y protocolos

Todo plan de mantenimiento debe considerarse como un ente vivo, tanto como las instalaciones para las que se diseña, durante el transcurso de su utilización.

En consecuencia, será responsabilidad de los mantenedores la cumplimentación y actualización de los planes a partir del registro en el PMP de todas las actuaciones, tanto preventivas como correctivas, que se vayan efectuando, según establece la IT 3 del RITE. Se deberán incorporar al PMP copias de todos los partes de trabajo, informes de intervenciones e informes periódicos de estado que se vayan generando, en los términos que se definen en la citada IT 3. Los registros de actuaciones se conservarán durante cinco años.

Esta información tendrá una utilidad importante si se recopila y ordena con el cuidado necesario y sobre todo si se utilizan aplicaciones GMAO para la gestión del mantenimiento, ya que no solamente servirá para tener permanentemente informados a las propiedades y usuarios sobre la situación en la que, en cada momento, se encuentran sus instalaciones, sino que también, si la información se utiliza de forma conveniente y profesional, hará posible la optimización permanente de los programas y gamas de servicio, corrigiendo las desviaciones tanto técnicas como económicas que se vayan registrando. Es precisamente el objetivo principal que se persigue con la implementación de un PMP.

2.7. La orden de trabajo

La orden de trabajo es un procedimiento sencillo; se trata, en todo caso, de organizar con una determinada sistemática las tareas de mantenimiento que se desean realizar en las instalaciones solares.

Depende del tipo de mantenimiento que se vaya a realizar:

- De mantenimiento correctivo: se producen a raíz de un paro no previsto.
- De mantenimiento preventivo: se refiere a intervenciones programadas.
- Condicional (predictivo): en función del estado real de los equipos.
- Otros que van referidos a trabajos especiales; por ejemplo, ampliación de la instalación.

El fichero de órdenes de trabajo constituye un depósito de información donde imputar todas las acciones que realiza la empresa en la prestación de una obra o servicio. Tanto los materiales como las horas de los operarios se acumularán en este fichero para su posterior tratamiento: análisis, facturación, etc. En esta sección se describe el funcionamiento general del circuito de órdenes de trabajo.

En resumen, son documentos que acompañan la realización de las tareas, programadas o no, y que reúnen todas las intervenciones y órdenes necesarias para la cumplimentación correcta y recogiendo además incidencias, tiempos, consumos y advertencias de la propia intervención.

Si la explotación de la instalación no está sujeta a un control y a una organización de los medios materiales y humanos disponibles y necesarios será, siempre, una producción anárquica y desorganizada. Además, perderá la ocasión de controlar esos medios y los costes que conllevan.

En la orden de trabajo, que puede tener distintos formatos, se puede encontrar información referente a:

- Los materiales que han de utilizarse y/o los realmente empleados.
- La maquinaria que ha de intervenir.
- La mano de obra necesaria.
- Los planos, croquis o esquemas necesarios.
- El circuito administrativo o de recorrido de la orden.
- Las autorizaciones necesarias.
- La firma de los empleados o de los mandos intermedios que intervienen en esa producción.
- Las fechas de planificación, producción y terminación de los productos fabricados.
- Los tiempos empleados.

Su diseño puede ser muy variado, pero todos o la mayoría de esos datos suelen aparecer en su formato más clásico; los datos son:

- Las referencias y códigos de la orden.
- Un área de la orden para materiales.
- Un área de la orden para mano de obra.
- Un área de la orden para máquinas.
- Un área de la orden para croquis o dibujos o para referencias de planos.
- Un área de la orden para firmas y autorizaciones.
- Indicación de las secciones o departamentos por las que ha de pasar.

El área o parte de la orden de trabajo destinada a materiales suele referenciar todos aquellos que se precisan para esa fabricación concreta o referirse a listados, vales u hojas adjuntas en las que aparecen estos. Lógicamente, será preciso un avituallamiento de esos materiales para llevar a cabo esa producción.

Esta parte suele, por tanto, ser una estimación o planificación de esos materiales necesarios.

El área o parte de la orden referida a mano de obra suele destinarse para indicar, o bien los tiempos estimados y los reales, o bien solamente los reales que han sido necesarios para esa fabricación. Esto puede anotarse como dato procedente de fichadas en relojes de control de tiempos, o como indicación directa de operarios, encargados o jefes de equipo. Su objetivo es poder conocer los tiempos, medidos en horas, minutos o cualquier otra referencia horaria, que se han invertido en la fabricación de los productos objeto de esa orden.

El área destinada a indicar las máquinas que intervienen puede ofrecer diversas variantes.

Unas veces se indican las máquinas precisas para cada orden. Otras se hacen órdenes por máquinas. Como quiera que sea, se estará ligando una determinada producción a unas máquinas concretas.

Siempre existe en las órdenes de trabajo algún recuadro para la firma del operario que ha intervenido, de su encargado, jefe de equipo o jefe de producción correspondiente. Estas firmas suelen ser una forma de plasmar el ejercicio de las respectivas responsabilidades y autoridades de las partes implicadas o que intervienen en la fabricación.

Todo lo anterior puede, como ya se ha dicho, tener diversas variantes y formas de llevarse a cabo. Pero la filosofía y su finalidad es la indicada.

La orden de trabajo suele acompañar a los productos en sus diversas fases de fabricación. Podrá ir de un operario a otro, de una máquina a otra o de una sección a otra. La casuística es muy amplia, pero al final del proceso, la orden habrá recogido toda la información, que permitirá:

- Cuantificar los tiempos de mano de obra empleados, incluidos los de paradas, tiempos muertos o perdidos por las circunstancias que correspondan.
- Saber las piezas o elementos fabricados o producidos y, posiblemente, los devueltos o defectuosos.
- Conocer los materiales utilizados y las cantidades físicas empleadas y los desperdicios producidos.

Esto entronca directamente con los denominados **costes directos** o con los medios empleados en la fabricación. La mano de obra directa y los materiales utilizados darán la medida de los costes reales de naturaleza directa, o sea, los realmente consumidos en esa fabricación concreta.

Por supuesto, dado el grado de digitalización actual, es posible y recomendable llevar las órdenes de trabajo mediante *software* informático. Todo lo dicho antes es perfectamente adaptable al uso de la informática y de las modernas tecnologías de las comunicaciones.

Bastará diseñar, con las aplicaciones de que se disponga en cada caso, los formatos de hojas de órdenes de trabajo que recojan la información acerca de los medios que se van a emplear, antes mencionados. Y se podrá obtener, además, una abundante información complementaria y una amplia posibilidad de manejo y tratamiento de los datos que se vayan generando.

Será posible, entonces, unir directamente:

- La planificación de la producción.
- El control de la misma y sus consumos materiales y de mano de obra.
- La determinación y el cálculo de costes directos.
- La determinación y el cálculo de costes totales.
- El control de los costes.
- Los cálculos de rentabilidades.
- Finalmente, se debe considerar que la preparación de las órdenes de trabajo, que evidentemente requiere un esfuerzo de tiempo y de planificación, no es nunca algo perdido o inútil. Al contrario, su utilidad está siempre garantizada y la relación coste/beneficio de su implantación siempre será positiva para la empresa.

En las grandes instalaciones esto no admite la menor discusión. No sucede del mismo modo en las pequeñas instalaciones. Quienes están al frente de estas empresas más pequeñas, de instalaciones o montajes e, incluso, de prestación de determinados servicios deben comprender y convencerse, si es que no lo están ya, de la bondad absoluta de una planificación de la producción, debidamente organizada, mediante órdenes de trabajo o similares.

2.7.1. Planificación y programación de órdenes de trabajo

Se puede establecer un esquema de los procesos de planificación.

Planning o estado previo:

- Toma de decisión de la necesidad de la planificación.
- Análisis del trabajo necesario.
- Aproximación a los siguientes aspectos:
    1. Periodicidad del trabajo.
    2. Resultado.
    3. Futuros planes para el equipo.

4. Necesidad de modificar, reparar o reemplazar el equipo.

5. Hacer esquemas.

- Consideraciones especiales, necesidades y condicionantes.
- Necesidades de ingeniería.
- Subcontratación de servicios.
- Quién debe realizarlo o coordinarlo.
- Identificación del trabajo a realizar por el departamento de mantenimiento.
- Necesidades de información.
- Instrucciones precisas.
- Necesidades de mantenimiento.
- Necesidades de horas requeridas.
- Herramientas o licencias especiales precisas.
- Identificar materiales precisos.
- Determinar si esos materiales están en *stock*.
- En caso de ausencia o rotura de *stock*, se hace pedido, se cambia el estatus de la OT para dar tiempo a la llegada del recambio e, incluso, se graba en la OT.
- Materiales y recambios recibidos.
- Los materiales y recambios ya están almacenados.
- Identificación del supervisor.
- La OT ya está a punto.
- Cambio de estado.
- Entregarla al supervisor para el programa semanal.

Conjunto de las órdenes de trabajo de mantenimiento en curso y aquellas que están en proceso de lanzamiento.

Cuestiones a tener en cuenta:

- Comprobar que las comunicaciones sean claras y adecuadas para todo el personal.
- Si el tiempo es el adecuado.
- Transmisión del plan en términos claros y comprensibles.

El objetivo fundamental del plan de mantenimiento es eliminar la causa que produjo la avería, no la reparación en sí, repentina y progresiva.

A continuación, se adjunta un ejemplo de orden de trabajo de mantenimiento:

EJEMPLO ORDEN PARA TRABAJO DE MANTENIMIENTO

FECHA DE RECEPCIÓN:
Nº DE ORDEN:

DATOS PROPIOS DE LA SECCIÓN REF:152000

ÁREA DE TRABAJO:

1ª. ASIGNACIÓN: 2ª. ASIGNACIÓN:

3ª. ASIGNACIÓN: CANCELACIÓN:

REALIZO:

OBSERVACIONES:

RECIBI EL TRABAJO DE CONFORMIDAD:

FECHA DE INICIO DEL TRABAJO:

FECHA DE TERMINACIÓN DEL TRABAJO:

NOMBRE:

FIRMA:

DATOS DEL SOLICITANTE

FECHA DE SOLICITUD:

DIVISIÓN/COORDINACIÓN:

DEPARTAMENTO:

SOLICITANTE:

TELEFONO: EXT:

HORARIO DEL ÁREA: DE A H.

DIAS: LUN MAR MIE JUE VIE

EDIFICIO: NIVEL:

CUBICULO: DUCTO:

DESCRIPCIÓN DEL TRABAJO:

Vº Bº JEFE DE DEPARTAMENTO:

Figura 2.3. Ejemplo de orden de trabajo de mantenimiento.

2.8. Plan de seguridad en el mantenimiento de instalaciones solares térmicas

Se van a exponer, basándose en diversos protocolos establecidos por la experiencia, las directrices básicas más importantes para redactar un plan de seguridad en el mantenimiento de una instalación solar térmica, o mejor dicho, las prácticas más recomendables.

Una vez más, se ha de tener en cuenta el factor de escala, no es lo mismo planificar este estudio para una gran instalación industrial que para un edificio de viviendas; en todo caso, se va a extender el desarrollo a una instalación de gran tamaño.

Documentación básica a incluir en el plan.

La documentación básica del plan es la siguiente:

- Objeto del plan de seguridad y salud.
- Obligaciones de las empresas subcontratadas.
- Características de la instalación solar.
- Formación.
- Medicina preventiva y primeros auxilios.
- Prevención de daños a terceros.
- Instalaciones provisionales de explotación.
- Medidas de seguridad en las unidades de mantenimiento.
- Maquinaria y máquinas-herramientas.
- Medios auxiliares.
- Pliego de condiciones.

A continuación, se van a exponer los contenidos que se recomiendan para cada apartado:

1. **Objeto del plan de seguridad y salud.**

   El plan de seguridad y salud establece las condiciones relativas a la prevención de accidentes laborales y enfermedades profesionales durante la ejecución de los trabajos que abarca el proyecto, así como los derivados de las actividades de reparación, conservación, entretenimiento y mantenimiento, y las características de las instalaciones preceptivas de higiene y bienestar para los trabajadores.

Tiene por finalidad dar unas directrices básicas a las empresas contratistas para cumplir sus obligaciones en el campo de la prevención de riesgos laborales.

En el plan, la empresa contratista, debe concretar y desarrollar las medidas de seguridad correspondientes a la ejecución de la obra para el montaje de placas solares que presentará para su aprobación al coordinador de seguridad y salud antes del comienzo de los trabajos o en caso de que no intervenga más de una empresa, será la dirección facultativa la encargada de tramitar la aprobación del plan de seguridad y salud.

El plan de seguridad y salud se redacta considerando los riesgos que *a priori* pueden surgir en el transcurso de esta obra. Esto no quiere decir que no aparezcan otros riesgos, los cuales deberán ser estudiados y ampliados mediante anexos durante el transcurso de la obra, en el momento en que se detecten.

2. **Obligaciones de las empresas subcontratadas.**

La obligaciones que se recomienda que deben cumplir las empresas subcontratadas por el propietario de las instalaciones, en materia de seguridad y salud, son las siguientes:

— Antes del comienzo de los trabajos, cada empresa subcontratista entregará una carta al propietario mediante la cual, manifiestan conocer el plan de seguridad y salud y se comprometen a cumplirlo, nombrando para ello a un responsable de la empresa encargado de vigilar el cumplimiento de las medidas preventivas establecidas.

— Cada empresa subcontratista antes del comienzo de los trabajos comunicará el nombramiento de un responsable en la obra de vigilar el cumplimiento por parte de sus trabajadores de las medidas preventivas establecidas en el plan.

— Las empresas subcontratistas acreditarán la formación e información de todos sus trabajadores, en materia de seguridad y salud, de acuerdo con los trabajos que ejecute cada uno de ellos.

— Cada empresa subcontratista antes del comienzo de los trabajos, facilitará una relación de los trabajadores que van a intervenir en la ejecución de los trabajos así como, el TC1 y el TC2 del último mes, mediante el cual se pueda verificar la vinculación de los trabajadores con la empresa.

3. **Características de la instalación solar.**

Las principales unidades de mantenimiento, para la instalación de placas solares son las siguientes:

1. Movimiento de elementos (colectores, depósitos, estructura, etcétera).
2. Mejora hormigonado en cubierta.
3. Reparación de estructuras metálicas.
4. Manejo de colectores.
5. Red de tuberías.
6. Electricidad.
7. Soldadura.
8. Electrónica (PLC).

Por supuesto, se pueden añadir más unidades, según lo visto anteriormente; si bien, se han propuesto estas unidades, y el resto están incluidas en estas.

Las empresas subcontratadas para llevar a cabo los trabajos objeto de este estudio deben realizarlos con las condiciones de máxima seguridad para los trabajadores, siendo las propias empresas encargadas de la elaboración de los trabajos las que adopten las medidas preventivas que mejor se ajusten a su método de trabajo.

A continuación, se citan los datos esenciales que se deben exponer:

1. Descripción de los trabajos realizados por el contratista

   Los trabajos consisten en las tareas de mantenimiento de una instalación, en la cual hay que especificar sus características fundamentales y donde se instalarán.

   Hay que realizar una breve descripción técnica de la instalación solar térmica.

   A modo de breve síntesis, se puede indicar que una instalación solar térmica está compuesta de los siguientes componentes fundamentales:

   — Un sistema de captación, formado por uno o varios captadores que transforman la radiación solar incidente en energía térmica de forma que se calienta el fluido de trabajo que aquellos contienen.

   — Un sistema de acumulación, constituido por uno o varios depósitos que almacenan el agua caliente hasta que se precise su uso.

— Un sistema de intercambio, que realiza la transferencia de energía térmica captada desde el circuito de colectores, o circuito primario, al agua caliente que se consume o circuito secundario.

— Un circuito hidráulico, constituido por tuberías, bombas y válvulas, etc., que se encarga de conducir el movimiento del fluido caliente desde el sistema de captación hasta el sistema de acumulación y de este a la red de consumo.

— Un sistema de regulación y control, que fundamentalmente se encarga de asegurar el correcto funcionamiento del equipo, para proporcionar un adecuado servicio de agua caliente y aprovechar la máxima energía solar térmica posible.

2. Emplazamiento

Es importante especificar el emplazamiento de la obra, así como la manera de acceder a esta.

3. Propiedad

Es importante especificar a qué sociedad corresponde la promoción de las obras.

4. Organización temporal de los trabajos

Asimismo, se debe especificar el plazo de ejecución previsto para los trabajos, así como su frecuencia.

5. Número de trabajadores estimado

Se debe estimar el número de trabajadores que se encuentren simultáneamente en la obra en cada momento.

6. Interferencias y servicios afectados

Es importante enumerar los servicios afectados por la instalación, como son las redes eléctricas o de comunicación, y los abastecimientos de agua.

7. Maquinaria y máquinas-herramientas

En principio, para los trabajos de mantenimiento, están previstas fundamentalmente herramientas manuales; sin embargo, puede ser necesario, para una reparación o reposición, el uso de camiones, grúas o maquinaria mecánica de algún tipo (elevadores).

4. **Formación.**

Se impartirá formación en materia de seguridad y salud a todo el personal que tome parte en los trabajos.

Dicha formación será específica para la obra que se va a ejecutar y consistirá en una explicación de los riesgos a los que se encuentran expuestos, los métodos de trabajo más seguros que deben aplicarse y las protecciones colectivas e individuales de que disponen.

Se explicará también a los trabajadores qué deben hacer en el caso de que suceda un accidente laboral.

La formación habrá de demostrarse ante el coordinador de seguridad y salud y, en caso de que no sea obligatoria su designación, ante la dirección de obra.

5. **Medicina preventiva y primeros auxilios.**

   1. Botiquines

      Se dispondrá de un botiquín en cada uno de los coches de los trabajadores que se desplacen a la obra, que contendrá el material sanitario especificado a continuación:

      — Un frasco de agua oxigenada

      — Un frasco de alcohol 96°

      — Un frasco de tintura de yodo

      — Un frasco de mercurocromo

      — Un frasco de amoniaco

      — Un paquete de gasas esterilizadas

      — Un paquete de algodón hidrófilo

      — Un rollo de esparadrapo

      — Un paquete de tiritas

      — Un torniquete

      — Una bolsa para agua o hielo

      — Guantes esterilizados

      — Un termómetro clínico

      — Antiespasmódicos

— Analgésicos

— Tónicos cardíacos de urgencia

— Jeringuillas desechables

— Unas tijeras

— Suero estéril

2. Asistencia a accidentados

   Se colocarán en lugares visibles listas con los teléfonos y direcciones de los centros asignados para urgencias, ambulancias, taxis, etc., para garantizar un rápido transporte de los posibles accidentados a los centros de asistencia.

   Como mínimo, deben figurar en los carteles los datos de:

   — Servicio de urgencia

   — Ambulancia

   — Policía

   — Bomberos

   — Taxis

   Estos teléfonos deberán figurar en las ventanillas de los coches que están trabajando en la obra.

6. **Prevención de daños a terceros.**

   Se señalizarán, de acuerdo con la normativa vigente, tomándose las adecuadas medidas de seguridad que cada caso requiera.

   Se señalizarán los viales afectados por la descarga o izado de materiales a las cubiertas. Si el izado se realiza por fachadas de edificios habitados, se avisará al presidente de la comunidad para que avise a los vecinos.

7. **Protección contra incendios.**

   Las posibles causas de incendios pueden ser tirar cigarrillos encendidos en sitios destinados al almacenaje de materiales o sustancias inflamables, etc., que en muchas ocasiones se comparten con las salas de calderas.

   Para evitarlo se extremarán las precauciones por parte de los trabajadores fumadores, quedando prohibido fumar, salvo en el exterior.

   Los caminos de evacuación estarán libres de obstáculos.

Los almacenes de materiales combustibles estarán alejados de cualquier foco de calor.

La iluminación e interruptores del almacén de productos inflamables se hará mediante equipos antideflagrantes de seguridad.

8. **Medidas de seguridad en las unidades de mantenimiento.**

A continuación se van a analizar los distintos trabajos previstos para cada una de las unidades de la obra. Los capítulos de maquinaria y máquinas-herramientas son comunes para cada una de las fases de la obra.

1. Transporte de materiales hasta el lugar de la obra y descarga.

   Si esta labor es realizada por un transportista ajeno a la empresa que realiza los trabajos, deberá asumir las normas de seguridad previstas en este capítulo y, si el transportista pertenece a una empresa subcontratada por la propiedad, deberá asumir estas medidas en una carta que se le facilitará, siempre que acceda a la obra para efectuar descarga de material.

   En esta fase se utilizarán herramientas manuales diversas, incluso camión y grúa, por lo que además de las medidas preventivas estimadas, se deben tener en cuenta las normas de seguridad para la maquinaria empleada.

   Riesgos más frecuentes:

   — Caídas al mismo nivel

   — Caídas a distinto nivel

   — Atropellos

   — Golpes en extremidades

   — Atrapamiento o aplastamiento por desplome de materiales

   Normas básicas de seguridad y protecciones colectivas en el transporte del material:

   Todos los trabajadores tendrán conocimiento de los riesgos a los que están expuestos, debiendo utilizar los equipos de protección individual para minimizar dichos riesgos.

   La descarga se efectuará en lugares destinados para tal fin y previamente señalizados y vallados correctamente.

Cuando el camión esté maniobrando para realizar la descarga, debe ser guiado por una persona desde el exterior.

Antes de llevar a cabo el desatado de la mercancía, se debe hacer un reconocimiento para comprobar si se ha movido la carga.

El desatado de las eslingas debe realizarlo la persona que efectuó el transporte.

Todos los trabajadores que participen en la descarga deben de ser avisados cuando se desaten las eslingas. Para subir a la plataforma del camión y bajar se utilizará escalera de mano, adecuada a la altura de esta. Se cuidará durante todo el desarrollo de esta fase el orden y la limpieza del lugar de trabajo.

Protecciones personales:

— Casco de seguridad

— Calzado de seguridad

— Guantes de cuero

— Ropa de trabajo

— Chaleco reflectante para trabajos próximos a la vía pública.

2. Zonas de trabajo (cubiertas planas)

La mayor parte de los trabajos objeto de este plan se realizan en cubiertas planas. Debido a que los trabajos que se ejecutan presentan importantes riesgos, se realizará un estudio independiente de las cubiertas.

Los trabajos que se llevarán a cabo serán en colectores, así como estructuras, tuberías y depósitos.

Riesgos más frecuentes:

— Caída de personas a distinto nivel

— Caídas al mismo nivel

— Caídas de objetos por manipulación

— Sobreesfuerzos

— Golpes o cortes por manejo de herramientas manuales

— Hundimiento de la superficie de apoyo (fibrocemento, fibra de vidrio y PVC)

Normas básicas de seguridad y protecciones colectivas en cubiertas planas:

El personal encargado de los trabajos en cubierta, antes de proceder a trabajar, debe realizar una inspección de la cubierta y asegurarse de que está en perfectas condiciones para trabajar sobre ella.

Debemos asegurarnos de que no existe ninguna línea eléctrica próxima a la cubierta. Si existe alguna línea eléctrica, se debe:

— Averiguar de quién es propiedad la línea.

— Saber si está en tensión o no.

— Si tiene tensión, solicitar el corte para efectuar los trabajos.

— Avisar a los afectados.

Si no tiene tensión, informar que se están efectuando unos trabajos y la duración será del tiempo que se considere.

Si la cubierta plana no dispone de petos de la suficiente altura (mínimo de 90 cm), se instalarán mediante pies derechos sobre mordazas de aprieto o sargentos barandillas de suplemento hasta alcanzar los 90 cm de altura sobre los petos definitivos de fábrica.

La barandilla debe disponer de listón intermedio y un rodapié al menos de 15 cm para evitar que todos aquellos objetos que se puedan golpear involuntariamente con los pies caigan al vacío.

Se tenderán cables de acero anclados a puntos fuertes ubicados en los petos de cerramiento, en donde puedan los trabajadores anclar el fiador del cinturón de seguridad.

No se realizarán trabajos en cubierta cuando soplen vientos superiores a los 60 km/h, o en caso de heladas, lluvia o nieve.

La herramienta manual utilizada estará dentro de cestos o contenedores, dispuestos para tal fin y cada vez que se utilice se retornará a su sitio, cuidando su limpieza.

El lugar de trabajo se mantendrá en un correcto estado de orden y limpieza y libre de posibles obstáculos causantes de caídas al mismo nivel.

Dependiendo del volumen de escombro que se genere se instalarán trompas o contenedores pequeños para recoger la basura generada. De cualquier modo, no se puede tirar el escombro por fachadas ni patios de luces.

Equipos de protección individual:

— Casco de seguridad con barbuquejo

— Calzado de seguridad

— Ropa de trabajo

— Guantes de seguridad

— Cinturón de seguridad

3. Elevación de materiales y elementos

   Esta unidad consiste en elevar todos los elementos necesarios para la instalación de los colectores solares. Debemos situar en las cubiertas, o en las pasarelas destinadas a tal fin, el hormigón, la estructura metálica sobre donde se apoyarán los colectores, los colectores, depósitos, herramientas manuales, etcétera.

   Riesgos más comunes:

   — Caída de objetos por desplome

   — Caída de objetos por manipulación

   — Caída de objetos desprendidos

   — Golpes por objetos o herramientas

   — Atrapamiento por o entre objetos

   — Sobreesfuerzos

   Normas básicas de seguridad y protecciones colectivas en la elevación de los colectores y equipos:

   Antes de proceder a la elevación de la mercancía se realizará una inspección de la misma.

   La mercancía se elevará tal y como llega de fábrica, bien flejada o con plástico retráctil.

   Las cargas deberán ser enganchadas por un trabajador que tendrá instrucciones sobre el método y los medios a emplear.

   Las cargas elevadas de los materiales en las plantas se harán sobre plataformas voladas colocadas sobre los bordes de los forjados o sobre la cubierta de forma horizontal.

   El personal encargado de recoger el material en las plantas nunca se situará sobre las plataformas.

Es aconsejable que la mercancía esté colocada sobre palés con tacos de madera de mayor altura que la de los dos soportes de la pinza, con objeto de poder retirarla directamente.

Los trabajadores no permanecerán bajo cargas suspendidas, aun cuando sea en la ayuda de la maniobra de ascenso o de descenso de la carga.

Equipos de protección individual:

— Casco de seguridad

— Calzado de seguridad

— Arnés o cinturón de seguridad

— Guantes

— Ropa de trabajo

4. Trabajos en cubierta

   En esta unidad de mantenimiento se llevarán a cabo las siguientes tareas: colocación de la estructura metálica, hormigonado, colocación de colectores solares además se instalarán depósitos e intercambiadores de calor.

   En esta unidad los riesgos están definidos tanto en las zonas de trabajo (cubiertas planas e inclinadas) como en la unidad de elevación de material y elementos.

5. Operaciones en depósitos e intercambiadores

   Esta operación consiste en la colocación de los depósitos necesarios con la capacidad prevista en el proyecto y los intercambiadores de calor.

   Riesgos más comunes:

— Caídas al mismo nivel

— Caídas a distinto nivel

— Golpes en extremidades

— Atrapamiento por o entre objetos

— Sobreesfuerzos

Normas básicas de seguridad y protecciones colectivas para las operaciones con intercambiadores y acumuladores:

Cuidar el orden y la limpieza para evitar caídas al mismo nivel.

Ser conocedores de los riesgos a los que están expuestos.

No realizar los trabajos una persona sola.

Utilizar soportes de apoyo para que sea más fácil manipular tanto los depósitos como los intercambiadores.

Equipos de protección individual:

— Casco de seguridad
— Ropa de trabajo
— Calzado de seguridad
— Guantes

6. Red de fontanería

Consiste en la instalación de la red de tuberías necesaria para la utilización del agua de unos depósitos y llevarla a sus destinos. Las tuberías estarán unidas por uniones soldadas por capilares. También se instalarán mediante el mismo procedimiento los colectores.

Riesgos más comunes:

— Caídas al mismo nivel
— Caídas a distinto nivel
— Cortes en las manos por objetos y herramientas
— Atrapamientos entre piezas pesadas
— Explosión del soplete
— Pisadas sobre objetos
— Quemaduras

Normas básicas de seguridad y protecciones colectivas en la red de tuberías:

Se utilizarán las herramientas manuales destinadas para el trabajo de fontanería.

Todas las herramientas estarán sujetas a un cinturón portaherramientas, siempre que su tamaño y peso lo permitan.

El manejo de las tuberías se realizará al menos por dos personas.

En cuanto no se comience a colocar la tubería se debe mantener tal y como la envía el fabricante.

Siempre se utilizarán guantes para evitar deslizamientos involuntarios.

En los tramos verticales de instalación, se instalará un cabo guía con línea de vida para poder enganchar un arnés.

Durante los trabajos en fachada, estará un trabajador en la parte inferior, sujetando las guías.

Debe protegerse la zona de paso peatonal y habilitar otra destinada a tal fin.

Cuando se utilicen los sopletes para la realización de las uniones de las tuberías, se apagarán inmediatamente, una vez finalizada la tarea.

Se debe tener especial cuidado con las tuberías de los circuitos primarios por alta temperatura para operaciones en este o en los entronques con los captadores.

Equipos de protección individual:

— Casco de seguridad

— Arnés de seguridad.

— Calzado de seguridad

— Guantes de serraje o cuero

7. Soldadura

Se realizará soldadura en ocasiones en la estructura metálica, aunque normalmente esta irá anclada en bancadas de hormigón, y atornillada.

Riesgos más comunes:

— Caídas a distinto nivel

— Caídas al mismo nivel

— Hundimiento de la plataforma

— Proyección de partículas

— Quemaduras

Normas básicas de seguridad y protecciones colectivas en la soldadura:

Será la persona con conocimientos especiales de soldadura (generalmente blanda) la que efectúe estos trabajos. Se utilizarán los equipos de protección individual adecuados para la misma.

Antes de comenzar a soldar, hay que asegurarse de que no está ningún trabajador/a próximo/a al lugar y pueda verse afectado por las chispas.

Cuando se finalice la tarea debe dejarse todo recogido, ya que posteriormente se realizarán otros trabajos.

Equipos de protección individual:

— Yelmo de soldador

— Manguitos de soldador

— Mandil de soldador

— Polainas de soldador

8. Electricidad

En esta unidad se realizarán alimentaciones eléctricas de bombas, válvulas y equipos de control.

Riesgos más comunes:

— Contactos eléctricos, directos e indirectos

— Proyección de partículas

— Caídas a distinto nivel

— Caídas al mismo nivel

Normas básicas de seguridad y protecciones colectivas de la electricidad:

Para la realización de estos trabajos es necesaria la autorización específica correspondiente.

Los trabajadores contarán en todo momento con una linterna.

Conocerán los riesgos a los que se encuentran expuestos y utilizarán los equipos de protección individual necesarios.

No se realizarán estos trabajos en presencia de aparato eléctrico.

Las inspecciones y pruebas deben realizarse con los órganos móviles correctamente protegidos.

Si es necesario realizar modificaciones en la instalación, se cortará la corriente, comprobando que no existe energía y posteriormente se procederá a la reparación.

Se bloquearán todos los aparatos de corte que alimenten el circuito abierto.

Señalizar los aparatos de corte con un letrero que indique: «Peligro no conectar, aparatos en red» indicando fecha, hora y persona autorizada para cerrar el circuito.

Comprobar la ausencia de tensión, con un instrumento adecuado.

Si fuese necesario trabajar con tensión, se tomarán las siguientes precauciones:

— La operación debe ser autorizada y ejecutada, al menos por dos operarios.

— Está totalmente prohibido inutilizar cualquier elemento de seguridad.

— No se debe suprimir ni interrumpir las tomas de tierra de los equipos o circuitos eléctricos.

— Se utilizará material de protección aislante.

Equipos de protección individual:

— Casco de seguridad

— Ropa de trabajo

— Guantes de seguridad

— Guantes de seguridad dieléctricos

— Calzado de seguridad dieléctrico

9. Maquinaria y máquinas-herramientas.

1. Maquinaria de elevación

Existen una serie de riesgos y protecciones que son comunes para las grúas y para los camiones grúa.

Riesgos más frecuentes:

— Rotura del cable de elevación o del gancho

— Caída de materiales de la carga

— Caída de personas a distinto nivel por empujón de la carga

— Golpes y aplastamientos con la carga

— Caída de la máquina por el viento, por exceso de carga, etcétera

Normas de seguridad y protecciones colectivas generales:

El montaje y desmontaje serán efectuados siempre por expertos, de acuerdo con las indicaciones del fabricante.

La grúa será colocada sobre superficies firmes y seguras, capaces de resistir la carga que deben soportar.

Debe colocarse de forma clara y visible la carga máxima admisible o el diagrama carga-alcance, debiendo el maquinista cerciorarse de que la carga es inferior a la máxima admisible. Se prohíben las sobrecargas.

Se mantendrán correctamente limpias, de forma que sean legibles, todas las instrucciones y advertencias para su correcto manejo.

Los órganos móviles susceptibles de ser peligrosos para las personas serán protegidos. La protección solo se retirará para operaciones de conservación o reparación, con la máquina parada, reponiéndose a continuación.

Los cables serán del tipo y diámetro indicado por el fabricante. El gancho tendrá cierre de seguridad.

Si la grúa es de accionamiento eléctrico, la instalación cumplirá lo especificado en el reglamento electrotécnico correspondiente.

Diariamente, antes de comenzar el trabajo, el maquinista inspeccionará el estado de cables, frenos y dispositivos de seguridad.

Está absolutamente prohibido:

- Manipular los dispositivos de seguridad
- Arrastrar cargas por el suelo
- Tirar de objetos empotrados
- Hacer tiros oblicuos
- Balancear las cargas
- Dejar cargas suspendidas con la grúa parada
- Transportar personas
- Realizar movimientos bruscos
- Si el maquinista no puede observar bien el campo de trabajo, debe existir un señalista que le dé las indicaciones mediante código o radioteléfono

Protecciones individuales:

— Casco de seguridad (en todo momento)

— Guantes (al manejar cables u otros elementos rugosos o cortantes)

— Cinturón de seguridad (siempre que el trabajo se realice en lugares donde exista riesgo de caída de más de 2 metros de altura)

— Botas de seguridad

— Ropa de trabajo

2. Camión grúa

Normas básicas de seguridad y protecciones colectivas:

Igualmente se aplican todas las normas generales para maquinaria de elevación. Pero, además, deben observarse las siguientes:

— Durante los trabajos de elevación, la grúa deberá estar asentada sobre terreno horizontal con los gatos extendidos y debidamente calzados, hasta conseguir la perfecta solidez del terreno.

— En las grúas sobre neumáticos, incluso con estabilizadores, es peligroso manipular cargas por la parte frontal. Si es imprescindible, deben consultarse las instrucciones del fabricante acerca de la carga máxima y las demás precauciones que se deben observar.

— Durante los trabajos de giro de la pluma, el gruista debe vigilar la trayectoria a fin de evitar colisiones con cualquier elemento. En especial, el contacto con líneas eléctricas aéreas. Si por descuido se produjese este accidente, el maquinista no abandonará la cabina y de tener que hacerlo, lo hará de un salto a tierra.

— Durante los trabajos no deberá permanecer persona alguna en el radio de acción de las máquinas. Asimismo, se deben colocar carteles adhesivos en el bastidor a fin de advertir a las personas de estos riesgos.

— Las grúas no son máquinas de transporte; no debe desplazarse nunca la grúa con carga en su pluma, es causa probable de vuelco y graves accidentes.

— El maquinista no debe abandonar la cabina si tiene una carga suspendida.

— Si la máquina se ha mojado por cualquier causa, se debe hacer funcionar los frenos en vacío varias veces para evaporar la humedad, antes de manipular una carga.

— Es necesario elegir la grúa adecuada a la carga, así como estudiar detenidamente el diagrama carga-distancia dado por el fabricante, no sobrepasando en ningún caso lo que en él esté indicado.

— Estas máquinas necesitan operadores muy instruidos y habituados a su uso, debiendo estar dotados de los medios de seguridad adecuados, en particular: casco, calzado de seguridad y guantes.

3. Máquinas-herramientas

En este apartado se consideran globalmente los riesgos de prevención que atañen a la utilización de pequeñas herramientas accionadas por energía distinta de la humana: taladros, llaves neumáticas, etcétera.

Riesgos más frecuentes:

— Cortes y golpes

— Proyección de partículas

— Contactos eléctricos

— Ruido

Normas básicas de seguridad y prevenciones colectivas:

— Las máquinas-herramientas eléctricas estarán protegidas eléctricamente mediante doble aislamiento.

— Los motores eléctricos de las máquinas-herramientas estarán protegidos por la carcasa y resguardos propios de cada aparato para evitar los riesgos de atrapamientos o de contacto con la energía eléctrica.

— Las máquinas en situación de avería o de semiavería se entregarán para su reparación.

— Las máquinas-herramientas no protegidas eléctricamente mediante el sistema de doble aislamiento tendrán sus carcasas de protección de motores eléctricos, etc., conectadas a la red de tierras en combinación con los disyuntores diferenciales del cuadro eléctrico general de la obra.

— En ambientes húmedos la alimentación para las máquinas-herramientas no protegidas con doble aislamiento se realizará mediante conexión a transformadores a 24 V.

— Se prohíbe el uso de máquinas-herramientas al personal no autorizado para evitar accidentes por impericia.

— Se prohíbe la anulación de toma de tierra de las máquinas herramientas si no están dotadas de doble aislamiento.

— Se prohíbe dejar las herramientas eléctricas de corte o taladro, abandonadas en el suelo o en marcha, aunque sea con movimiento residual.

Equipos de protección individual:

— Casco de seguridad

— Guantes de seguridad

— Guantes de goma

— Botas de goma

— Botas de seguridad

— Gafas de seguridad antiproyecciones

— Protectores auditivos

— Máscara antipolvo con filtro mecánico específico recambiable

4. Herramientas manuales

Riesgos más frecuentes:

— Golpes y cortes en las manos y los pies

— Proyección de partículas

Normas básicas de seguridad y protecciones colectivas:

— Cada herramienta manual se utilizará para aquellas tareas para las que ha sido concebida.

— Antes de su uso se revisarán, desechándose las que no se encuentren en buen estado de conservación.

— Se mantendrán limpias de aceites, grasas y otras sustancias resbaladizas.

— Para evitar caídas, cortes o riesgos análogos, se colocarán en portaherramientas, recipientes o estantes adecuados.

— Durante su uso se evitará su depósito arbitrario por los suelos.

— Los trabajadores recibirán instrucciones concretas sobre el uso correcto de las herramientas que hayan de utilizar.

Equipos de protección personal:

— Cascos de seguridad

— Botas de seguridad

— Guantes de seguridad

— Gafas de seguridad

10. Medios auxiliares.

1. Escaleras de mano

Este medio auxiliar suele ser objeto de prefabricación rudimentaria, lo cual es una práctica contraria a la seguridad que debe ser impedida.

Riesgos más frecuentes:

— Caídas a distinto nivel

— Deslizamiento por incorrecto apoyo

— Vuelco lateral por apoyo irregular

— Rotura por defectos ocultos

— Los derivados de los usos inadecuados o de los montajes peligrosos

Normas básicas de seguridad y protecciones colectivas de aplicación al uso de escaleras de madera:

— Las escaleras de madera tendrán los largueros de una sola pieza, sin defectos ni nudos que puedan mermar su seguridad.

— Los travesaños de madera estarán ensamblados.

— Las escaleras de madera estarán protegidas de la intemperie mediante barnices transparentes para que no oculten los posibles defectos.

— Los largueros serán de una sola pieza y carecerán de deformaciones o abolladuras que puedan mermar su seguridad.

— Las escaleras metálicas estarán pintadas con pintura antioxidación que las preserven de las agresiones de la intemperie o serán de material inoxidable.

— Las escaleras metálicas no estarán suplementadas con uniones soldadas.

— Se prohíbe la utilización de escaleras de mano para salvar alturas superiores a 5 metros.

— Las escaleras de mano estarán dotadas en su extremo inferior de zapatas antideslizantes de seguridad.

— Las escaleras de mano estarán firmemente amarradas en su extremo superior al objeto o estructura al que dan acceso.

— Las escaleras de mano sobrepasarán en 1 metro la altura a salvar.

— Las escaleras de mano se instalarán de tal forma que su apoyo inferior diste de la proyección vertical del superior ¼ de la longitud del larguero entre apoyos.

— Se prohíbe transportar pesos a mano iguales o superiores a 25 kilogramos sobre las escaleras de mano.

— Se prohíbe apoyar la base de las escaleras de mano sobre lugares u objetos poco firmes que pueden mermar su estabilidad.

— Se prohíbe la utilización al mismo tiempo de la escalera por dos o más personas.

— El ascenso y descenso y el trabajo sobre las escaleras de mano se efectuará frontalmente, es decir, mirando hacia los peldaños que se están utilizando.

Protecciones individuales:

— Casco de seguridad

— Botas de seguridad

— Calzado antideslizante

— Cinturón de seguridad

11. Pliego de condiciones.

Esencialmente, en el pliego de condiciones se habla de:

- Disposiciones legales de aplicación

Son de obligado cumplimiento, las disposiciones vigentes que afectan a la seguridad y salud en el trabajo, contenidas en:

— Ley 31/1995, de 8 de noviembre, de Prevención de Riesgos Laborales, con última modificación el 8 de septiembre de 2022.

— Ley 54/2003, de 12 de diciembre, de reforma del marco normativo de la prevención de riesgos laborales.

— Ley 33/2011, de 4 de octubre, General de Salud Pública.

— Real Decreto Legislativo 5/2000, de 4 de agosto, por el que se aprueba el texto refundido de la Ley sobre Infracciones y Sanciones en el Orden Social.

— Real Decreto 39/1997, de 17 de enero, por el que se aprueba el Reglamento de los Servicios de Prevención.

— Real Decreto 843/2011, de 17 de junio, por el que se establecen los criterios básicos sobre la organización de recursos para desarrollar la actividad sanitaria de los servicios de prevención.

— Otros reglamentos específicos y normativas sectoriales.

- Normas referentes a personal en obra

  En cada grupo o equipo de trabajo, el contratista deberá asegurar la presencia constante de un encargado o capataz, responsable de la aplicación de las normas contenidas en este plan.

  El encargado o capataz deberá estar provisto siempre de una copia de tales normas, así como de todas las autorizaciones escritas eventuales recibidas del coordinador de seguridad y salud, o/y director de la obra.

  Será el encargado de hacer cumplir todas las normas y medidas de seguridad establecidas para cada uno de los trabajos.

  Hará que todos los trabajadores a sus órdenes utilicen los elementos de seguridad que tengan asignados y que esta utilización sea correcta.

  No permitirá que se cometan imprudencias, tanto por exceso como por negligencia o ignorancia.

  Se encargará de que las zonas de trabajo estén despejadas y ordenadas, sin obstáculos para el normal desarrollo del trabajo.

  Designará las personas idóneas para que dirijan las maniobras de los vehículos.

Dispondrá las medidas de seguridad que cada trabajo requiera, incluso la señalización necesaria.

Ordenará parar el trabajo en caso de observar riesgo de accidente grave e inminente.

Los trabajadores deberán trabajar provistos de ropa de trabajo, cascos y demás prendas de protección que su puesto de trabajo exija.

Accederán al puesto de trabajo por los itinerarios establecidos.

No se situarán en el radio de acción de máquinas en movimiento.

No consumirán bebidas alcohólicas durante las horas de trabajo.

- Normas de señalización

  Los accesos al centro de trabajo deberán estar convenientemente señalizados de acuerdo con la normativa existente.

  La señalización de seguridad y salud deberá emplearse cuando sea necesario:

  — Llamar la atención de los trabajadores sobre la existencia de determinados riesgos, prohibiciones u obligaciones.

  — Alertar a los trabajadores cuando se produzcan situaciones de emergencia.

  — Facilitar a los trabajadores la localización e identificación de los medios e instalaciones de protección, evacuación, emergencia o primeros auxilios.

  — Orientar o guiar a los trabajadores que realicen maniobras peligrosas.

- Condiciones de los medios de protección

  Todas las prendas de protección personal o elementos de protección colectiva tendrán fijado un período de vida útil, desechándose a su término.

  Cuando por las circunstancias del trabajo se produzca un deterioro más rápido en una determinada prenda o equipo, se repondrá esta, independientemente de la duración prevista o de la proximidad de la fecha de sustitución.

  Toda prenda o equipo de protección que haya sufrido un trato límite, es decir, el máximo para el que fue concebido (por ejemplo, por un accidente) será desechada y repuesta al momento.

  Aquellas prendas que por su uso hayan adquirido más holguras o tolerancias de las admitidas por el fabricante serán repuestas inmediatamente.

  El uso de una prenda o equipo de protección nunca representará un riesgo en sí mismo.

- Protecciones personales

  Todos los equipos de protección individual deben cumplir lo establecido en el Real Decreto 773/1997, de 30 de mayo, sobre disposiciones mínimas de seguridad y salud relativas a la utilización por los trabajadores de equipos de protección individual. De este modo, todos deben cumplir las condiciones que establece su correspondiente normativa de comercialización (RD 1407/92 y posteriores modificaciones) y, por tanto, llevar el marcado CE e ir acompañados de la información necesaria para su adecuado uso y mantenimiento.

  En la obra, las normas de uso y mantenimiento deben ser comunicadas a los usuarios o mantenedores a los que incumplan.

- Protecciones colectivas

  Los elementos de protección colectiva se ajustarán a las características fundamentales siguientes:

  — Señales: estarán de acuerdo con el Real Decreto 485/1997, de 14 de abril, sobre disposiciones mínimas en materia de señalización de seguridad y salud en el trabajo.

  — Vallas autónomas de limitación y protección: tendrán como mínimo 90 cm de altura, estando construidas con tubos metálicos. Dispondrán de patas para mantener su verticalidad. Las patas serán tales que, en caso de caída de la valla, no supongan un peligro en sí mismas al colocarse en posición aproximadamente vertical.

  — Escaleras de mano: cumplirán con las normas establecidas en este capítulo del libro, ya anteriormente citadas.

  — Extintores: serán adecuadas en agente extintor y tamaño al tipo de incendio previsible, y se revisarán cada 6 meses como máximo.

- Organización de la prevención en la obra

  El contratista debe haber establecido un sistema de prevención de riesgos laborales en su empresa, optando por alguna de las posibilidades que le ofrece la ley:

- Designar uno o varios trabajadores para ocuparse de las actividades de prevención.

- Constituir un servicio de prevención propio.

- Concertar dicho servicio con una entidad especializada ajena a la empresa.

  El contratista constituirá un comité de seguridad y salud en su empresa cuando el número de trabajadores supere los 50 o cuando así los disponga el Convenio Colectivo Provincial. El comité de seguridad y salud se debe reunir, al menos, una vez al trimestre. Sus funciones están detalladas en el artículo 39 de la Ley 31/1995, de 8 de noviembre, de Prevención de Riesgos Laborales.

  El contratista deberá adoptar medidas de información e instrucciones adecuadas respecto a los riesgos (comunicación del plan de seguridad y salud, medidas de emergencia en caso de accidente, etc.) a todos los subcontratistas y a los trabajadores autónomos.

  El contratista deberá impartir formación e información sobre los riesgos del trabajo, generales y de cada puesto en concreto, a sus trabajadores.

  El contratista deberá designar a un responsable de seguridad y salud en la obra, que vigile el cumplimiento de todas las medidas establecidas en este plan de seguridad y salud, y que actúe de interlocutor permanente ante el coordinador de seguridad y salud.

  El contratista deberá someter a sus trabajadores a reconocimiento médico cuando entren a trabajar en su empresa y, después, una vez al año.

- Actuaciones en caso de accidente

  En el plan de seguridad y salud se indicará como mínimo:

  — Dirección y teléfono del lugar al que deben ir normalmente los accidentados

  — Teléfonos de ambulancias más próximas

  — Teléfono de la Policía o Guardia Civil

  — Teléfono de bomberos más cercanos

  — Teléfono de paradas de taxis más próximas

  — Cuando ocurra algún accidente que precise asistencia médica, aunque sea leve, el jefe de obra de la contrata principal realizará una investigación:

    – Nombre del accidentado

    – Fecha, hora y lugar del accidente

    – Descripción del accidente

— Causas del accidente

— Medidas preventivas para evitar su repetición

— Plazos para la implantación de las medidas preventivas

- Libro de incidencias

  Con fines de seguimiento y control del plan de seguridad y salud en la obra, existirá un libro de incidencias, habilitado al efecto y facilitado por:

  — El colegio profesional al pertenezca el técnico que haya aprobado el plan de seguridad y salud.

  — La Oficina de Supervisión de Proyectos o equivalente, cuando se trate de obras de las Administraciones públicas.

  El libro de incidencias estará en poder del coordinador de seguridad y salud o de la dirección facultativa, en caso de que ejerza las funciones de coordinación de seguridad y salud.

  Tendrán acceso a él la dirección facultativa, los contratistas, subcontratistas y autónomos, los representantes de los trabajadores y los técnicos de seguridad y salud de las Administraciones públicas, quienes podrán hacer anotaciones.

  Efectuada una anotación, el coordinador de seguridad y salud estará obligado a remitir una copia a la Inspección de Trabajo en un plazo de 24 horas.

  Todas las anotaciones se deben notificar al contratista afectado y a los representantes de sus trabajadores.

- Presupuesto

  Generalmente, en el presupuesto se diferenciarán los siguientes capítulos:

  1. Capítulo 1: Protecciones personales.
  2. Capítulo 2: Protecciones colectivas.
  3. Capítulo 3: Extinción de incendios
  4. Capítulo 4: Medicina preventiva y primeros auxilios
  5. Capítulo 5: Formación y reuniones de obligado cumplimiento.

  Si bien, es posible añadir alguno más, con los citados es más que suficiente para realizar un presupuesto completo.

EJERCICIOS PROPUESTOS

2.1. Definir si las siguientes actuaciones son de mantenimiento preventivo o correctivo:

a. Limpieza de captadores.

b. Sustitución de ánodo de sacrificio.

c. Comprobación de los valores de alimentación de la central de control.

d. Sustitución de un captador solar.

2.2. ¿Cuáles son las operaciones, según la normativa, que se deben realizar en el mantenimiento preventivo de los acumuladores de una IST?

2.3. ¿Cuál es la normativa en la que se hace referencia a la comprobación de las tomas de tierra de la IST?

2.4. ¿Cuáles son los parámetros que mide un sistema de control básico?

2.5. Planificar, utilizando el soporte que se prefiera, las operaciones de mantenimiento programado, según la normativa vigente, para una IST de una vivienda de 500 litros de acumulación y tres captadores de 2 m^2.

2.6. Planificar, utilizando el soporte que se prefiera, las operaciones de mantenimiento programado, según la normativa vigente, para una IST centralizada de un bloque de edificios de 2500 litros de acumulación y 16 captadores de 2m^2.

2.7. Rellenar fichas técnicas para una IST con las siguientes características:

- Campo de captadores: 8 captadores de 2 m^2.
- Acumulación de 2500 litros.
- Bombas de primario y secundario.
- Intercambiador.

2.8. Generar orden de trabajo de los ejercicios anteriores.

2.9. Con cada uno de los equipos que se ha comentado anteriormente:

- Campo de captadores: 8 captadores de 2 m^2.
- Acumulación de 2500 litros.
- Bombas de primario y secundario.
- Intercambiador.

Esquematizar las precauciones que se deben seguir en la cubierta de la IST del ejercicio 2.6 para realizar las operaciones de mantenimiento preventivo, según la normativa vigente.

3. Gestión económica para el mantenimiento de instalaciones solares térmicas

Introducción

En el presente capítulo, se va a hablar de la gestión económica para el mantenimiento de instalaciones solares térmicas.

En primer lugar, se van a establecer los diferentes factores e índices que intervienen en el coste del mantenimiento.

Tras ello, se darán los criterios valorativos para la reposición de equipos y máquinas, y las claves de la optimización del mantenimiento.

Se hará también hincapié en el control de la calidad del mantenimiento, básico para una ejecución efectiva.

Se citará también la documentación económica y administrativa más importante, para un control de costos ordenado.

Por último, en conexión con el punto anterior, se hablará del «Libro del edificio» y los registros oficiales de inspección y control de las IST.

Instalación solar doméstica, cortesía de Gestora Solar Andaluza, S. L.

Contenido

Objetivos

- Establecer los criterios de control de calidad para las distintas fases en que se organiza el mantenimiento.
- Realizar la organización y supervisión del mantenimiento y reparación de las instalaciones, utilizando la documentación recibida y generada, técnica y administrativa.
- Realizar el seguimiento del mantenimiento, controlando la calidad de su ejecución y los costes, obteniendo los indicadores de control necesarios para establecer las comparativas que perfilen las líneas de actuación más convenientes y resolviendo las contingencias con la máxima eficiencia y cumpliendo con los objetivos programados.
- Elaborar para la gestión de su adquisición las especificaciones de los distintos materiales y equipos empleados en el mantenimiento de instalaciones solares térmicas.
- Gestionar la atención a avisos y reclamaciones por problemas o fallos en la instalación con la máxima eficiencia y calidad.
- Controlar y supervisar la documentación relacionada con los procesos de explotación y mantenimiento de instalaciones de energía solar térmica.
- Controlar y organizar los partes de trabajo, albaranes, facturas, pedidos y otros documentos administrativos dentro del proceso de mantenimiento.
- Registrar, transmitir y atender las demandas de clientes son con la máxima celeridad.

- Aplicar y supervisar para su ejecución los procedimientos administrativos y sistemas de gestión de la calidad en el mantenimiento.
- Realizar un presupuesto anual de mantenimiento, desglosando el coste en sus componentes: repuestos, paradas imprevistas, mano de obra, desplazamientos, impuestos y otros gastos asociados.

3.1. El coste del mantenimiento

Para analizar el coste del mantenimiento de un sistema solar térmico, es muy importante establecer una serie de criterios, los cuales se van a respetar durante todo el análisis.

Principalmente, y como se ha comentado hasta ahora, el factor de escala es sumamente importante, ya que no es lo mismo analizar el coste del mantenimiento para un equipo solar doméstico que para una instalación industrial.

Se encuentra que, para una pequeña instalación doméstica, si bien una parada puede significar el uso del cien por cien de la instalación auxiliar, con el gasto energético y económico que conlleva, en una instalación industrial las consecuencias pueden ser más perjudiciales, ya que puede significar una parada en el sistema de producción.

También se encuentra para pequeños sistemas domésticos que, debido a la sencillez del sistema, no se puede medir el coste por unidad de producción, que suele ser la unidad energética generada, ya que estos sistemas adolecen de ellos. En estos sistemas, se contabiliza el coste del mantenimiento anual total y se estima la producción energética.

Sin embargo, hay un gran número de instalaciones, en las que sí que se puede medir la energía producida, y por lo tanto, conocido el coste del mantenimiento anual, calcular el coste por unidad energética.

Se ha introducido de qué manera calcular el coste unitario del mantenimiento, el cual evidencia el coste del mantenimiento en la producción, si bien se pueden tomar otros criterios, lo cual es importante, pero no se han fijado los criterios principales a la hora de medir la efectividad del mantenimiento.

En general, se debe prestar una calidad de servicio máxima para obtener una disponibilidad máxima, pero el coste de mantenimiento no debe ser superior al coste de paradas de la producción, ya que, en este caso, se optaría por parar el sistema.

Se encuentra un parámetro que limita, le fija valor a la disponibilidad, ya que le hace depender del coste.

De esta manera, es importante aclarar que no interesa realizar un mantenimiento por su coste mínimo, ya que no se obtendría la productividad necesaria del sistema, y también se puede dar el caso contrario, tener una disponibilidad máxima tampoco es lo más eficiente, ya que puede conllevar un mantenimiento insostenible desde el punto de vista económico.

Se han de tener presente los siguientes tres axiomas:

- Explotar un sistema no es mantenerlo con el mínimo coste.
- Explotar un sistema no es conseguir su buen funcionamiento continuo a cualquier precio.
- Explotar un sistema no es lograr una disponibilidad máxima sin examinar lo que aporta.

Luego, explotar un sistema de producción es conseguir una disponibilidad tal que, el beneficio producido por la última unidad de disponibilidad lograda sea igual al coste del mantenimiento necesario para obtener dicha disponibilidad.

Objetivo general: establecer un procedimiento para el cálculo de los costos de mantenimiento para sistemas de energía solar térmica.

Presentar y validar el procedimiento propuesto para la determinación del costo de mantenimiento de una instalación solar térmica.

El mantenimiento involucra diferentes costos: directos, indirectos y generales.

1. Costos directos:

   Están relacionados con el rendimiento de la empresa y son menores si la conservación de los equipos es mejor; influyen la cantidad de tiempo que se emplea en el equipo y la atención que requiere. Estos costos son fijados por la cantidad de revisiones, inspecciones y en general las actividades y controles que se realizan a los equipos, comprendiendo:

   — Costos de mano de obra directa y contratada.

   — Costos de materiales y repuestos directos y contratados.

   — Costos de la utilización de herramientas y equipos directamente y con contratación.

   — Costos de contratos para la realización de intervenciones.

2. Costos indirectos:

   Son aquellos que no pueden atribuirse de una manera directa a una operación o trabajo específico. En mantenimiento, es el costo que no puede relacionarse a un trabajo específico. Por lo general, suelen ser: la supervisión, almacén, instalaciones, servicio de taller, accesorios diversos, administración, servicios públicos, etcétera.

3. Costos generales:

Son los costos en que incurre la empresa para sostener las áreas de apoyo o de funciones no propiamente productivas y que a su vez dan soporte a las áreas que desempeñan labores que se relacionan directamente con el negocio.

Para que los gastos generales de mantenimiento tengan utilidad como instrumento de análisis, se deben clasificar con cuidado, a efecto de separar el costo fijo del variable, que en algunos casos se asignan como directos o indirectos.

Generalmente, los costos asignados a las áreas de mantenimiento por influencias indirectas de áreas de apoyo no son considerados, pues sobre estos, según unos modelos de análisis, la administración de mantenimiento no tiene ninguna acción, sin embargo, a la hora de prestar el servicio, no habría infraestructura de administración del dinero, seguridad, etcétera.

Es cierto que los costos que asumen las áreas de mantenimiento por concepto de costos de administración se denominan costos asignados y son fijados por niveles de autoridad que van más allá de las áreas de mantenimiento. Y también que generalmente estos costos no se consideran, debido a que ellos no son controlables por la organización de mantenimiento, pues son manejados por sistemas externos de información y su determinación es dispendiosa.

Este punto es discutible porque si bien es cierto que generalmente no se tiene dominio en mantenimiento sobre estos aspectos, también es verdad que el mantenimiento consume de esos recursos para poder ejercer su función. Una manera de visualizar esto es la abstracción de que el mantenimiento es una empresa, por lo tanto, si no tuviese ese apoyo, lo tiene que asumir y adquirir para poder funcionar.

Vale la pena reconocer la dificultad para prorratear o calcular la contribución global de mantenimiento en ese empleo de recursos. Existe la siguiente posibilidad: determinar cuánto de ese costo global corresponde a mantenimiento y, en ese punto, lo mejor es hacer una distribución proporcional, por ejemplo:

— Por persona: es razonable, pues así se tiene como un factor de posesión del recurso un valor que exige la administración, relacionado con el número de personas de mantenimiento respecto al total. Eso permite posteriormente que se pueda asociar al trabajo.

— Por actividad: es bastante apropiado, porque se implica sobre un consumo global; la idea es hacer una relación directa del costo de la realización de la orden de trabajo y distribuir los costos generales con base en un valor de los costos totales.

A continuación, se analiza el costo global del mantenimiento de una IST.

Los costos, en general, se pueden agrupar en dos categorías:

- Costos que tienen relación directa con las operaciones de mantenimiento, como pueden ser: costos administrativos, de mano de obra, de materiales, de repuestos, de subcontratación, de almacenamiento y costos de capital.
- Costos por pérdidas de producción a causa de las fallas de los equipos, por disminución de la tasa de producción y pérdidas por fallas en la calidad del producto, por mal funcionamiento de los equipos.

Por supuesto, dependerá de la complejidad de la instalación que no sea necesario analizar algunos de estos factores.

El costo global de mantenimiento es la suma de cuatro costos:

- Costo de las intervenciones (Ci)
- Costo de las fallas (Cf)
- Costo de almacenamiento (Ca)
- Costo de sobreinversiones (Csi)

$$Cg = Ci + Cf + Ca + Csi$$

1. Costo de las intervenciones

   En el costo de las intervenciones (Ci) se incluyen los gastos relacionados con el mantenimiento preventivo y correctivo. No se incluyen costos de inversión ni de actualización tecnológica, ya que estos son producto de proyectos específicos que van en relación directa con el aumento de la producción, por tanto deben estar considerados en el flujo financiero que evalúa la conveniencia de realizar ese proyecto. Tampoco se incluyen ajustes de los parámetros de producción, reubicación de los equipos, tareas de limpieza, etcétera.

   El costo de las intervenciones está compuesto principalmente por:

   — Mano de obra interna o externa.

   — Repuestos de almacén o comprados para la intervención.

   — Material fungible ocupado en la intervención.

El costo de la mano de obra interna se calcula con el tiempo empleado en la intervención multiplicado por el costo de horas especificando el tipo de mano de obra ocupada.

La mano de obra externa generalmente es un monto convenido con un contratista, valores que deberían estar estimados de antemano por el encargado del mantenimiento.

Los repuestos que estaban en almacén y son usados en la reparación deben ser valorados al precio actual en el mercado y no al valor que ingresaron en el almacén. Los comprados en el momento es el valor de factura.

El material fungible sea específico o general se costea conforme a la cantidad usada. La amortización de equipos de apoyo y herramientas de uso general se considera en forma proporcional al tiempo de intervención.

2. Costo de fallas

   Estos costos corresponden a las pérdidas del margen de utilidad debidos a problemas directos del mantenimiento que hayan redundado en una reducción en la tasa de producción de productos con la calidad deseada, costos por multas debidos al daño ambiental, aumento del costo de la seguridad del personal por fallas en los dispositivos de seguridad, pérdidas de negocios, pérdidas de materias primas que no se pueden reciclar, aumento de los costos de explotación, etcétera.

   Los problemas de mantenimiento ocurren por:

   — Mantenimiento preventivo mal definido.
   — Mantenimiento preventivo o correctivo mal ejecutado, uso de repuestos inadecuados o de baja calidad, mantenimientos efectuados en plazos muy largos por falta de comunicación entre departamentos o adquisición de repuestos.
   — Falta de métodos, procedimientos, planificación o personal no cualificado.

3. Costo de almacenamiento

   En general, este costo es alto en las empresas y es aquí donde existe espacio para implementar mejoras tendentes a bajar costos. El costo de almacenamiento representa los costos incurridos en financiar y manejar el inventario de piezas de recambio e insumos necesarios para la función mantenimiento; en él se incluyen:

   — El interés financiero del capital inmovilizado por el inventario.
   — La mano de obra y la infraestructura computacional dedicada a la gestión y manejo del inventario.

— Los costos de explotación de edificios: energía, seguridad y mantenimiento.

— Amortización de sistemas adjuntos: montacargas, tratamientos especiales, etcétera.

— Costos en seguros.

— Costos de obsolescencia.

4. Costo de sobreinversiones

En el diseño inicial de una planta lo correcto es tomar la decisión de adquirir equipos que minimicen el costo global de mantenimiento durante su ciclo de vida. Ello implica en general que se compren equipos cuyas inversiones iniciales son mayores que las de otros que cumplen los mismos requerimientos, pero cuyos costos de intervención y almacenamiento asociados se estiman menores.

A fin de incluir la sobreinversión, se amortiza la diferencia sobre la vida del equipo. Así es posible castigar en el costo global las inversiones extras requeridas para disminuir los demás componentes del costo.

Los factores que se deben tener en cuenta para valorar los costes de mantenimiento son:

— Horas dedicadas a correctivo por averías. Este dato totaliza las horas dedicadas a atender averías en los distintos centros o procesos productivos. Se contabiliza mediante el parte de averías emitido por las líneas de producción y cumplimentado por mantenimiento una vez reparada la avería.

  Este dato refleja las horas totales de la reparación o mantenimiento correctivo por rotura o avería.

— Importe correspondiente a las horas de correctivo por averías. Es el producto del dato anterior por el valor-hora asignado al centro de gastos de mantenimiento.

— Importe del material empleado en correctivo. Este dato se obtiene de totalizar el valor de los materiales empleados en las intervenciones por correctivo sobre cada centro de gastos de producción.

— Coste total del mantenimiento correctivo por averías. Este valor se obtiene sumando al importe de la mano de obra empleada en atender correctivos el importe de los materiales empleados en dicha tarea.

— Horas de mantenimiento preventivo. Este dato se obtiene de totalizar las horas de las gamas de mantenimiento preventivo. En su momento ya se indicó que en cada gama debe venir reflejado el total de horas dedicadas a la revisión o inspección preventiva.

— Importe de las horas dedicadas a trabajos preventivos. Es el producto del número de horas dedicadas a intervenciones de mantenimiento preventivo por el valor-hora asignado al servicio de mantenimiento.

— Importe del material empleado en mantenimiento preventivo. Este dato se obtiene de totalizar el valor de los materiales utilizados en las inspecciones preventivas realizadas en los diferentes centros de producción.

— Coste total de mantenimiento preventivo. Es la suma del valor total de la mano de obra y el total de materiales utilizados.

— Coste total de la mano de obra utilizada en mantenimiento correctivo y preventivo. Es la suma total de las intervenciones en averías y las dedicadas a mantenimiento preventivo.

— Coste total de materiales empleados en intervenciones de mantenimiento. Es la suma total del valor de los materiales utilizados en intervenciones de mantenimiento correctivo y en mantenimiento preventivo.

— Coste total de mantenimiento. Es el coste total de las intervenciones del personal de mantenimiento en trabajos de mantenimiento correctivo y mantenimiento preventivo, sumando a estas intervenciones los materiales empleados en las mismas.

— Horas dedicadas a otros trabajos. Resultan de totalizar las horas dedicadas a solicitudes de trabajos especiales (modificaciones, aplicación de mejoras, etc.) y trabajos internos, es decir, los propios del servicio de mantenimiento para su orden y funcionamiento.

— Horas de mantenimiento disponibles. Son las horas de presencia de los profesionales del servicio de mantenimiento que se repartirán entre las horas dedicadas a otros trabajos y el número de horas realmente trabajadas en mantenimiento correctivo + preventivo.

— Número de horas realmente trabajadas en actividades propias de mantenimiento. Es el número total de horas dedicadas a correctivo por averías y las dedicadas a mantenimiento preventivo. Estas horas estarán reflejadas en el histórico.

— Horas de paradas de máquinas y equipos productivos. Es el número total de horas que han estado paradas las máquinas en cada centro o línea de producción por averías de las mismas, ocasionando pérdidas de producción.

  El mantenimiento preventivo debe lograr disminuir estas horas. Esta ratio se obtiene al restar, en horas, lo que señalan los apartados de emisión y reparación en los partes de averías.

— Horas de presencia del personal de producción. Son las horas de presencia en el trabajo de los operarios pertenecientes a los diversos centros o líneas de producción, las cuales son emitidas periódicamente por los servicios de gestión de la producción.

— Horas de producción. Corresponden a la diferencia en las horas de presencia de la mano de obra de producción y las de inactividad por paradas del sistema productivo. Se refleja por cada centro o línea de producción.

— Coste de las pérdidas por paradas de producción debidas a mantenimiento correctivo por averías. Es el producto de multiplicar el número de horas de paradas por averías por el valor-hora asignado a cada centro de gastos o línea de producción.

— Coste total de la producción. Es el producto de multiplicar el número de horas de presencia del personal de producción por el valor-hora asignado a cada centro o línea de producción.

Una vez se dispone de los datos enumerados en el apartado anterior, se pueden elaborar los indicadores o índices que facilitan el seguimiento de la gestión de un servicio de mantenimiento.

— Personal efectivo existente en el servicio de mantenimiento. Corresponde a la media mensual del personal de mantenimiento, es decir, el número de profesionales existentes que intervienen directamente en las actividades de mantenimiento.

— Índice de personal. La relación entre el número de horas de mantenimiento disponibles y el número de horas de presencia del personal de producción se expresa en tanto por ciento (%). Este índice debe disminuir o, al menos, mantenerse.

— Índices de personal realmente utilizado en actividades de mantenimiento. La relación entre el número de horas realmente trabajadas por los profesionales en actividades de mantenimiento y las horas de presencia del personal de producción se expresa en tanto por ciento (%). Este índice ha de disminuir, lo que representa una menor necesidad de mano de obra dedicada a mantener, debido a mejorar el funcionamiento de los sistemas productivos.

— Índice de rendimiento o aprovechamiento del personal de mantenimiento. Expresa la relación en tanto por ciento (%) del número de horas realmente trabajadas en mantenimiento correctivo y preventivo y el número de horas de presencia de los profesionales del servicio de mantenimiento. Este índice debe aumentar, lo que indicará que la plantilla de profesionales se dedica en mayor porcentaje a atender el mantenimiento de las instalaciones.

— Índice de eficiencia del personal. Expresa la relación en tanto por ciento (%) entre la suma de horas del mantenimiento dedicado a correctivo y preventivo, y la diferencia de horas de presencia y el número de horas empleadas en otros trabajos. Es decir, corresponde a la relación en tanto por ciento (%) entre el personal que ha intervenido en mantenimiento y las horas que se debieron emplear en las actividades de dicho mantenimiento (correctivo + preventivo). Este índice debe tender a 100.

— Personal necesario en mantenimiento por centro o línea de producción. Este índice facilita la identificación y el equilibrio de efectivos o profesionales que se deben asignar a cada línea de producción en organizaciones de mantenimiento descentralizadas. Para su obtención, se multiplicará el índice de eficiencia del personal por el personal efectivo existente en el servicio de mantenimiento y se dividirá por 100, ya que el primer dato será expresado en tanto por ciento (%).

— Índice de extensión del mantenimiento preventivo sobre el total de horas disponibles. Expresa en tanto por ciento (%) la relación entre el número de horas dedicadas a mantenimiento preventivo y el número de horas disponibles en mantenimiento. Este indicador debe aumentar en equilibrio con el del apartado 10.

— Índice de extensión del mantenimiento preventivo sobre las horas disponibles para actividades propias de mantenimiento. Este índice expresa la relación en tanto por ciento (%) entre el número de horas dedicadas a actividades de mantenimiento preventivo y la diferencia entre el número de horas de mantenimiento disponibles y el número de horas empleadas en otros trabajos.

— Índice del porcentaje de costes por intervenciones de mantenimiento preventivo. Expresa en tanto por ciento (%) la relación entre el coste total de mantenimiento preventivo y el coste total de mantenimiento correctivo + mantenimiento preventivo. Este índice es complementario al índice del coste en porcentaje por intervenciones de mantenimiento correctivo debido a averías.

— Índice de intervenciones por averías sobre el total de horas disponibles. Expresa en tanto por ciento (%) la relación entre las horas de correctivo por averías y el número de horas de mantenimiento disponibles.

— Índice de intervenciones por correctivo sobre las horas disponibles para actividades de mantenimiento. Expresa en tanto por ciento (%) la relación entre las horas de averías y la diferencia entre el número de horas disponibles para actividades propias de mantenimiento y el número de horas empleadas en otros trabajos.

— Índice de porcentaje de costes por intervenciones de mantenimiento correctivo por averías. Expresa en tanto por ciento (%) la relación entre el coste total del mantenimiento correctivo por averías y el coste total de correctivo + preventivo.

— Índice del coste-hora del mantenimiento sobre el total de horas disponibles. Expresa la relación entre el coste total del mantenimiento por correctivo y preventivo, y el número de horas de mantenimiento disponible.

— Índice del coste-hora de mantenimiento (solo sobre las horas realmente trabajadas en actividades de mantenimiento). Expresa la relación entre el coste total del mantenimiento por averías y preventivo, y el número de horas realmente trabajadas en mantenimiento correctivo y preventivo.

— Índice del coste de mantenimiento referido al coste de la producción. Expresa la relación entre el coste total del mantenimiento por correctivo y preventivo más el coste de las paradas de producción por correctivo y el coste total de la producción.

— Índice de la repercusión del correctivo por averías en el coste del producto. Expresa la relación en tanto por ciento (%) de la suma del coste total del mantenimiento por correctivo más el coste de las paradas de producción por averías y el coste total de la producción.

— Índice de la reducción de costes de mantenimiento. Expresa la relación entre el índice de extensión del mantenimiento preventivo y el índice del coste de mantenimiento. Este índice debe aumentar, lo cual indica que debe disminuir el denominador (índice del coste del mantenimiento referido al de producción), es decir, que si se extiende el mantenimiento preventivo (aumenta el numerador) los resultados de este deben hacer disminuir el coste del mantenimiento.

En el momento en que este coste aumente, hay que cortar la extensión del mantenimiento preventivo y revisar lo realizado para mejorarlo y optimizarlo.

— Índice del coste-hora del mantenimiento referido a la producción. Expresa la relación entre el coste total del mantenimiento por correctivo de averías y preventivo, y las horas de presencia de la producción, y su resultado es el coste-hora de presencia de la mano de obra directa de producción en cuanto a coste de mantenimiento se refiere. Este valor debe disminuir o, al menos, mantenerse y puede servir de base para la confección de presupuestos anuales de mantenimiento por centro o línea de producción.

Si el índice de paradas y disfuncionamientos de un sistema o equipo de producción no es el deseado y los costes de mantenimiento se disparan, se debe actuar, facilitando una mayor rapidez de acción sobre:

— El uso o utilización del sistema, creando normas, instrucciones, etc., a través de los técnicos de mantenimiento.

— El proyecto, efectuando estudios de mejora y modificaciones.

— Los repuestos, en cantidad y calidad, efectuando una normalización y homologación de los mismos, así como una eficaz gestión.

— Las horas-hombre, facilitando la accesibilidad y dotando a los equipos de mejores útiles, así como optimizando el mantenimiento preventivo.

Por otra parte, se puede actuar también:

Sobre el uso:

— Mejorando la vigilancia a través del automantenimiento.

— Respetando los estándares.

— Manteniendo el estado de referencia.

Sobre las horas-hombre:

— Completando y mejorando la formación de la plantilla.

Sobre la propia organización:

— Programación de gamas, etcétera.

El órgano de control de las instalaciones se debe ocupar de registrar:

— Las averías y reparaciones efectuadas en cada equipo.

— Los cambios y revisiones de mantenimiento preventivo realizados.

— Analizar estos datos para corregir las frecuencias previstas en los programas de mantenimiento preventivo.

Este órgano de control debe estar en estrecho contacto con los órganos de estudios, responsables de los estudios técnicos de gamas y fichas de mantenimiento preventivo, así como con los órganos de planificación del mantenimiento.

En conclusión, se ha mostrado los factores e índices necesarios para poder realizar el presupuesto detallado de una IST. Se ha de tener en cuenta que, para presupuestar una instalación simple, habrá factores e índices que se tendrá que obviar, debido al factor de escala.

3.2. Criterios valorativos de reposición de máquinas y equipos

Se van a exponer a continuación los criterios que se deben tener en cuenta a la hora de reponer máquinas y equipos en una IST.

Se van a indicar los criterios que se pueden tomar a la hora de reponer máquinas y equipos: su vida útil, su estado actual, garantías, ciclo de amortización, incidencia en la vida útil que le quede a la instalación y otros factores.

El caso a estudio es bastante particular, ya que se debe afrontar la avería de un equipo de la instalación y hay que sustituirlo por otro; también se puede dar el caso por desgaste o fin de la vida útil del equipo. Se van a exponer los distintos factores que determinan la decisión en cada caso.

Por supuesto, tal y como se ha dejado entrever en todos los apartados anteriores, el factor de escala manda, no es lo mismo hablar de este análisis para una pequeña instalación doméstica que para una instalación en viviendas centralizadas de gran tamaño, la cual tiene mayor número de equipos críticos y circunstancias más complejas.

Ya se ha hablado del coste de reparación y sustitución de equipos en el punto anterior. A la hora de reponer un equipo, se deben estudiar varios factores:

- Estado de funcionamiento en el que se encuentra el equipo. Hay que evaluar si el equipo está seriamente dañado, hasta el punto de no poder seguir trabajando con garantías, incluso en caso de ser posible, predecir las consecuencias del tiempo de reparación que se tenga que asumir. En muchos formularios se suele marcar como operativo o no operativo el equipo, y se añade informe explicativo.

- Estado de la garantía del fabricante o seguros de la IST. En caso de estar el equipo en garantía o tener la IST un seguro contratado para estos casos, hay que realizar un informe detallado y comunicar a la empresa que debe hacerse cargo de peritar y realizar la reposición del equipo correspondiente.
- Importancia del equipo dentro de la IST. La mayor importancia la tienen los equipos críticos en caso de avería en ellos; evidentemente, si la IST pasa a no producir, hay que reponer el equipo, a menos que vaya a ser desmantelada la instalación. Otros equipos con menos importancia pueden incluso ser retrasados en la reposición y trabajar mientras con un pequeño arreglo o remiendo.
- Estado de la amortización del equipo, y si es necesario, de la IST. A la hora de decidir si un equipo se repone, hay que analizar si el equipo ha cumplido su ciclo de amortización (solo para instalaciones medianas o grandes) y si este incide con el de la IST.
- Estudio del rendimiento del equipo y su influencia en el rendimiento de la instalación. Si un equipo que tiene un determinado rendimiento sufre avería y baja su rendimiento, hay que analizar cuánto baja el rendimiento de la IST para determinar si es imprescindible su reposición.
- Existencia de otros equipos en la misma o similar situación. Ver si existen más equipos que reponer, con lo que habrá de hacerse un listado de reposición de equipos, donde se establezca por diferentes motivos la prioridad de reposición.
- Otros factores circunstanciales (legales, normativos, personales...) de cada IST, que si bien no se entran a valorar en un estudio general, pueden ser determinantes a la hora de tomar una decisión.

Por supuesto, en cada caso habrá que depurar y simplificar el proceso para no tener que hacer un análisis demasiado extenso, para cambiar un equipo que claramente es beneficioso y de bajo coste sustituir, o que no hay otra solución que sustituir.

Evidentemente, los equipos que se han marcado antes como críticos (batería de captadores, bombas, intercambiador, acumuladores...), en caso de avería, deben cambiarse; sin embargo, pueden tener pequeñas averías y darse casuísticas que desaconsejen una reposición desde el punto de vista económico.

Por ejemplo, en un juego de bombas dobles para una IST de superficie captadora de más de 100 m^2, si una de ellas no trabaja su selector de velocidades a velocidad máxima, habrá que analizar si esa velocidad se alcanza en determinadas situaciones, ya que entonces, al ser un juego de bombas dobles, se puede pasar el control a modo manual y que entre en funcionamiento la otra bomba, o programar el relé de alternancia para que lo haga ordenado por el PLC. En todo caso, hay un riesgo inherente a ello.

Por otro lado, se encuentran casos, como cambiar el cableado eléctrico de la IST, si está deteriorado, que puede aumentar el coste de mantenimiento en un 2 %, pero puede generar un aumento del rendimiento del 8 %, al disminuir las pérdidas de transmisión.

3.3. Optimización del mantenimiento

Según lo expuesto hasta ahora, un mantenimiento óptimo es el que, entre otras virtudes, permite un rendimiento máximo posible. La IST es diseñada a tal efecto, y se pretende durante la operación que se mantengan esos valores máximos durante la mayor parte de tiempo posible. Tal y como se ha visto, lo que se pretende es que la vida útil de la IST se alargue lo más posible y, por supuesto, dando el mejor rendimiento posible.

Por otra parte, se pretende obtener que el beneficio producido por la última unidad de disponibilidad lograda sea igual al coste del mantenimiento necesario para obtener dicha disponibilidad.

Existen casos en los que el mantenimiento es crucial para un rendimiento óptimo de la IST, ya que existe una relación contractual para el pago de cada kilovatio térmico generado; es lo que se llama un **contrato de venta de energía**, en el que se ha marcado la penalización en caso de la bajada del rendimiento de la IST, por lo que no se debe trabajar por debajo de un umbral de rendimiento; se marcará un rendimiento óptimo con el objeto de mantenerlo durante la vida útil de la IST.

Por ello, en este caso especial, y en general en todas las IST, se pretende obtener la mejor relación calidadrendimientocosto óptimo.

El punto óptimo de cada uno de estos tres factores se sopesa según las características de la IST; en cada caso primará si es una instalación crítica o su producción debe ser económicamente rentable.

3.4. Calidad en la prestación del servicio

Un sistema de calidad se mantiene a través de inspecciones, pruebas, mediciones, análisis y mejoramiento continuo de los procesos, evaluaciones de la satisfacción del cliente y de su percepción de la habilidad de la empresa para cumplir con los requerimientos y auditorías internas del sistema de calidad que midan su efectividad, permitan la resolución de problemas y contribuyan al mejoramiento del sistema.

Los productos o materiales que no cumplen con los requerimientos deben ser controlados para garantizar que no afecten a la instalación en demasía:

- Identificándose claramente.
- Disponiendo de ellos: reparándolos, degradándose y descartándolos.
- Mediante acciones correctivas y preventivas, se identifican y resuelven problemas actuales y potenciales.
- La Organización Internacional de Normalización elabora normas (ISO) y guías internacionales conciliando los intereses de usuarios, fabricantes, comunidades científicas y gobiernos. Estas normas abarcan todos los campos, con excepción de la normalización en tecnología eléctrica y en electrónica, de la que se encarga la Comisión Electrotécnica Internacional (IEC).

Las normas ISO son modelo para el aseguramiento de la calidad en mantenimiento y producción. Estas normas definen los criterios de aseguramiento de calidad que se deben aplicar cuando se produce e instala, únicamente.

Para lograr el aseguramiento de la calidad en la producción se han tenido que seguir las siguientes condiciones:

- Reunir una serie de documentación en donde se encuentren bien especificadas las instrucciones que demuestren la manera de realizar los procesos de producción.
- Utilizar equipo apropiado de producción (alta tecnología).
- Monitorear y controlar los parámetros de los procesos de producción y características del producto durante la manufactura y montaje.
- Criterios de trabajo que es necesario estipular, al mayor grado práctico posible, a través de normas por escrito o a través de muestras representativas.
- Mantenimiento del equipo; esto con el fin de evitar conformidades.

La forma de llevar a cabo este control de proceso es:

- Entrenamiento del personal. Todo el personal que trabaja en las líneas de producción cuenta con el entrenamiento necesario para realizar su operación.
- Materiales. Todos los materiales utilizados en producción son inspeccionados antes de reutilizarlos para asegurarse que cumplan con las especificaciones de calidad.
- Plan de calidad. Todas las líneas de producción cuentan con este plan que indica la forma de controlar las operaciones e inspecciones críticas de proceso mediante instrucciones de trabajo, instructivos de prueba, mantenimiento preventivo y controles requeridos.
- Esquematizar las secuencias en las cuales se deben realizar las operaciones en el proceso.
- Instrucciones de operación y prueba. Indica la forma de realizar las operaciones e inspecciones en el proceso.
- Mantenimiento preventivo. Indica el tiempo y forma de realizar el mantenimiento a las máquinas para evitar que fallen durante el proceso de producción.
- Control estadístico del proceso. Se utiliza para aprobar los procesos y equipos de manufactura, inspección y prueba del producto.
- Control de cambio en el proceso. Todos los cambios realizados en el proceso de producción son analizados y aprobados por los departamentos de producción, ingeniería y calidad antes de ser liberados a producción.

En conclusión, es complicado llevar una calidad óptima en la prestación del servicio. Fijando los parámetros y procedimientos adecuados, se puede llegar a conseguirlo, aumentando el rendimiento de las actuaciones y obteniendo una mayor calidad de mantenimiento, sin que suponga un aumento de coste no amortizado.

3.5. Documentación económica y administrativa en el mantenimiento. Facturas y presupuestos

Principalmente, la documentación administrativa con la que se trabaja en los departamentos de administración de empresas dedicadas al mantenimiento, o incluso, se puede hablar de una empresa, comunidad de propietarios o corporación que posee o gestiona la explotación de una IST, es:

- Contratos. Los contratos de mantenimiento firmados son esenciales a la hora de llevar a cabo órdenes administrativas; en ellos se expresan todos los condicionantes de los trabajos que se van a efectuar y facturar, su forma de pago, las estipulaciones adicionales, incluso las causas de resolución y motivos de indemnización de este.
- Albaranes. Documentos básicos en la cadena administrativa; son justificantes de los trabajos o servicios prestados, o del material entregado. Deben ser firmados por las partes intervinientes.
- Órdenes de trabajo. Se ha hablado en el capítulo anterior ampliamente de ellas.
- Facturas. Son los documentos legales de emisión de la obligación de pagos y cobros de servicios o abastecimiento de material prestados. Son necesarios para llegar al cobro y pago de estos.
- Presupuestos y pliegos de contratación. Documentos que exponen la cuantía de los servicios prestados, también, en caso de pliegos, establecen condiciones técnicas y económicas.
- Proyectos visados. Documentos oficiales, visados por el colegio profesional correspondiente, donde se exponen las condiciones técnicas y normativas de los trabajos o servicios que se van a realizar.
- Libro de registro de mantenimiento. En él se detallan las operaciones realizadas y que con posterioridad son facturadas.
- Documentación bancaria de emisión de pagos y recibo de cobros. Necesario su archivo para consultas y reclamaciones de garantía.
- Documentación de proveedores. Se hablará más adelante de esta documentación en la homologación de proveedores.

Por supuesto, cada empresa tiene su sistema de procesado y archivado de estos documentos para su cobro y pago, y así mantener la gestión económica al día de los trabajos realizados y/o recibidos.

3.6. «Libro del edificio» y otros documentos oficiales relacionados con el registro, la inspección y el control

El «Libro del edificio», ya sea en una vivienda unifamiliar o de otro tipo, es un archivo formado por el conjunto de documentos gráficos y escritos que constituyen el archivo y registro del historial e incidencias técnicas, jurídicas y administrativas del edificio, que es donde se recoge toda la información sobre las características de obra de un edificio. Se trata de un documento obligatorio, tanto en las construcciones nuevas como de rehabilitación, y ya sea para uso industrial como residencial.

Su uso abarca la entrega y puesta en servicio del edificio, las viviendas y sus instalaciones, o la utilización de estas y el uso, mantenimiento y conservación, y con las posibles obras que se tengan que realizar durante el período de vida útil de las edificaciones.

Los documentos referentes a las IST que se deben incluir en el «Libro del edificio» son:

a. El proyecto o memoria técnica de la instalación realmente ejecutada.

b. El «Manual de uso y mantenimiento» de la instalación realmente ejecutada.

c. Una relación de los materiales y los equipos realmente instalados, en la que se indiquen sus características técnicas y de funcionamiento, junto con la correspondiente documentación de origen y garantía.

d. Los resultados de las pruebas de puesta en servicio realizadas de acuerdo con la IT 2. «Montaje».

e. El certificado de la instalación, registrado en el órgano competente de la comunidad autónoma.

f. El certificado de la inspección inicial, cuando sea preceptivo.

g. Operaciones de mantenimiento y las reparaciones que se produzcan en la instalación.

Asimismo, el titular de la instalación será responsable de que se realicen las siguientes acciones:

a. El mantenimiento de la instalación térmica por una empresa mantenedora habilitada.

b. Las inspecciones obligatorias.

c. La conservación de la documentación de todas las actuaciones, ya sean de mantenimiento, reparación, reforma o inspecciones realizadas en la instalación térmica o sus equipos, consignándose en el «Libro del edificio» cuando el mismo exista.

En los casos en los que es necesario según la IT3 suscribir un contrato de mantenimiento con la empresa que lo va a realizar, emitirá un certificado de mantenimiento el órgano competente de la comunidad autónoma, quedando una copia del mismo en posesión del titular de la instalación, quien lo incorporará al «Libro del edificio» cuando este exista, y con validez de un año.

Inspecciones

Las instalaciones térmicas se inspeccionarán con el fin de verificar el cumplimiento reglamentario.

Inspección iniciales: el órgano competente de la comunidad autónoma podrá disponer una inspección inicial de las instalaciones térmicas, con el fin de comprobar el cumplimiento del RITE, una vez ejecutadas las instalaciones térmicas y le haya sido presentada la documentación necesaria para su puesta en servicio.

La inspección inicial de las instalaciones térmicas se realizará sobre la base de las exigencias de bienestar e higiene, eficiencia energética y seguridad que establece el RITE, por la reglamentación general de seguridad industrial y, en el caso de instalaciones que utilicen combustibles gaseosos, por las correspondientes a su reglamentación específica. Como resultado de la inspección, se emitirá un certificado de inspección, en el que se indicará si el proyecto o memoria técnica y la instalación ejecutada cumple con el RITE, la posible relación de defectos, con su clasificación, y la calificación de la instalación.

Inspecciones periódicas de eficiencia energética: serán inspeccionadas periódicamente las instalaciones térmicas que cuenten con generadores de calor de potencia útil nominal mayor que 70 kW, excluyendo los sistemas destinados únicamente a la producción de agua caliente sanitaria de hasta 70 kW de potencia útil nominal.

La inspección incluirá una evaluación del rendimiento de la IST.

La inspección se realizará sobre las partes accesibles del mismo. Esta inspección comprenderá:

a. Análisis y evaluación del rendimiento y dimensionado en comparación con la demanda térmica la instalación deba satisfacer. En las inspecciones periódicas de la eficiencia energética el rendimiento a potencia útil nominal tendrá un valor no inferior al 80 por ciento. Una vez realizada la evaluación del dimensionado del generador de calor, no tendrá que repetirse la misma a no ser que se haya realizado algún cambio en el sistema o demanda térmica del edificio.

b. Bombas de circulación.

c. Sistema de distribución, incluyendo su aislamiento.

d. Sistema de regulación y control.

e. Instalación de energías renovables, sistemas de aprovechamiento de energía residual y cogeneración, en caso de existir, y su aportación en la producción de agua caliente sanitaria y calefacción, y la contribución renovable mínima en la producción de agua caliente sanitaria.

f. Para instalación de potencia útil nominal superior a 70 kW, verificación de los resultados del programa de gestión energética que se establece en la IT.3.4, para verificar su realización y la evolución de los resultados.

Tras la realización de la inspección se emitirá un informe de inspección.

Dicho informe incluirá el resultado de la inspección realizada de conformidad con IT.4.2.1 y IT.4.2.2, así como recomendaciones para mejorar en términos de rentabilidad la eficiencia energética de la instalación inspeccionada.

El informe de inspección será entregado al propietario o arrendatario del edificio.

La inspección de eficiencia energética que viene obligada por la IT.4.2.1 se realizará cada cuatro años.

Inspección de la instalación térmica completa: cuando la instalación térmica de calor o frío tenga más de quince años de antigüedad, contados a partir de la fecha de emisión del primer certificado de la instalación, y la potencia térmica nominal instalada sea mayor que 70 kW, se realizará una inspección de toda la instalación térmica, que comprenderá, como mínimo, las siguientes actuaciones:

a. Inspección de todo el sistema relacionado con la exigencia de eficiencia energética regulada en la IT.1 del RITE.

b. Inspección del registro oficial de las operaciones de mantenimiento que se establecen en la IT.3 para la instalación térmica completa y comprobación del cumplimiento y la adecuación del «Manual de uso y mantenimiento» a la instalación existente.

c. Elaboración de un dictamen con el fin de asesorar al titular de la instalación, proponiéndole mejoras o modificaciones de su instalación para mejorar su eficiencia energética y contemplar la incorporación de energía renovable. Las medidas técnicas estarán justificadas en función de su rentabilidad energética, medioambiental y económica.

Una vez realizada la inspección, a efectos de su inspección de eficiencia energética la calificación de la instalación podrá ser:

1. Aceptable: cuando no se determine la existencia de algún defecto grave o muy grave. En este caso, los posibles defectos leves se anotarán para constancia del titular, con la indicación de que debe establecer los medios para subsanarlos, acreditando su subsanación antes de tres meses.

2. Condicionada: cuando se detecte la existencia de, al menos, un defecto grave o de un defecto leve ya detectado en otra inspección anterior y que no se haya corregido. En este caso:

    a. Las instalaciones nuevas que sean objeto de esta calificación no podrán entrar en servicio y ser suministradas de energía en tanto no se hayan corregido los defectos indicados y puedan obtener la calificación de aceptable.

    b. A las instalaciones ya en servicio se les fijará un plazo para proceder a su corrección, acreditando su subsanación antes de quince días. Transcurrido dicho plazo sin haberse subsanado los defectos, el organismo que haya efectuado ese control debe remitir el certificado de inspección al órgano competente de la comunidad autónoma, quien podrá disponer la suspensión del suministro de energía hasta la obtención de la calificación de aceptable.

3. Negativa: cuando se observe, al menos, un defecto muy grave. En este caso:

    a. Las instalaciones nuevas que sean objeto de esta calificación no podrán entrar en servicio, en tanto no se hayan corregido los defectos indicados y puedan obtener la calificación de aceptable.

    b. A las instalaciones ya en servicio se les emitirá certificado de calificación negativa, que se remitirá inmediatamente al órgano competente de la comunidad autónoma, quien deberá disponer la suspensión del suministro de energía hasta la obtención de la calificación de aceptable.

Asimismo, los defectos en las instalaciones térmicas se clasificarán en:

1. Defecto muy grave: es aquel que suponga un peligro inmediato para la seguridad de las personas, los bienes o el medio ambiente.

2. Defecto grave: es el que no supone un peligro inmediato para la seguridad de las personas o de los bienes o del medio ambiente, pero el defecto puede reducir de modo sustancial la capacidad de utilización de la instalación térmica o su eficiencia energética, así como la sucesiva reiteración o acumulación de defectos leves.

3. Defecto leve: es aquel que no perturba el funcionamiento de la instalación y por el que la desviación respecto de lo reglamentado no tiene valor significativo para el uso efectivo o el funcionamiento de la instalación.

EJERCICIOS PROPUESTOS

3.1. ¿Pueden ser incluidos en el presupuesto de mantenimiento los costes de administración derivados de la gestión del mantenimiento? ¿Qué tipo de costes son?

3.2. Valorar el coste del mantenimiento preventivo de una instalación doméstica de 300 litros y 2 captadores de 2 m^2, teniendo en cuenta la normativa vigente y que el equipo está situado en altura y es de difícil acceso.

3.3. Valorar el coste del mantenimiento preventivo de una instalación industrial de 5000 litros y 100 m^2 de superficie de captadores, teniendo en cuenta la normativa vigente y que el equipo está situado en una cubierta plana.

3.4. Emitir presupuesto de una operación de mantenimiento correctivo para ambas instalaciones. Suponer un factor de margen de ganancias del 20 %.

3.5. Se supone que se tiene un equipo que lleva 5 años funcionando en una instalación y se avería. Determinar la actuación que se debe seguir en cada supuesto:

a) No es posible su reparación; su coste es de 800 € y la instalación, cuyo coste de mantenimiento es de 500 €/año y cuyo valor total es de 20 000 €, tiene una vida útil de 25 años. ¿Se optaría por sustituir?

b) No es posible su reparación, su coste es de 3000 €, y la instalación, cuyo coste de mantenimiento es de 400 €/año y cuyo valor total es de 6000 €, tiene una vida útil de 12 años. ¿Se optaría por sustituir?

3.6. Emitir presupuesto tipo de mantenimiento preventivo y correctivo de los ejercicios 3.2 y 3.3.

3.7. Emitir factura tipo semestral de trabajos de mantenimiento preventivo y correctivo de los ejercicios 3.2 y 3.3.

3.8. Emitir contrato de mantenimiento preventivo y correctivo de una instalación solar térmica para un hotel genérico, con una superficie de captación de 100 m^2 y un volumen de acumulación de 8000 litros.

3.9. Determinar si las siguientes operaciones deben registrarse en el libro de mantenimiento, en las anotaciones correspondientes a la IST:

a. Avería debida a corte en el suministro de agua fría.

b. Sustitución de la luz que alumbra la sala de máquinas.

c. Avería del sistema auxiliar de gas para ACS.

d. Avería del ascensor del bloque que da acceso a la zona de cubiertas.

3.10. ¿Cada cuánto tiempo se debe inspeccionar una IST con una superficie captadora de 60 m^2? ¿Y una de 120 m^2?

4. Almacén y materiales de mantenimiento de instalaciones solares térmicas

Introducción

En este capítulo, se van a exponer las características del almacenamiento de los equipos y accesorios que componen la IST para dar un valor añadido a la calidad del mantenimiento.

Primero, se mostrará el proceso de recepción y codificación de materiales, imprescindible para tener un almacén ordenado desde el mismo momento en que estos llegan.

Después de ello, se expondrá la organización del almacén y la gestión para optimizar el mantenimiento.

Por último, se comentará la gestión de proveedores, que cumple un papel esencial para obtener un servicio de calidad.

Instalación Solar Doméstica, cortesía de Loal Energías Renovables, S. L.

Contenido

Objetivos

- Gestionar y controlar el *stock* de materiales del almacén y los sistemas para su distribución se organiza, bajo premisas de eficacia, eficiencia y máxima calidad.
- Controlar y recopilar los datos obtenidos fruto de las revisiones o de las modificaciones de las instalaciones para mantener los sistemas de información y bases de datos actualizadas.
- Gestión de las fichas de control del mantenimiento periódico de los distintos elementos, así como la elaboración de la base de datos histórica, usando sistemas tecnológicos apropiados.
- Revisar, actualizar y gestionar los inventarios, controlando la información relacionada con las altas, bajas y reparaciones efectuadas.
- Explicar las tareas de supervisión relacionadas con la adquisición de suministros y control de *stock*.

4.1. Recepción y codificación de suministros

En este primer apartado, se van a exponer los conceptos de recepción y codificación de suministros, que precede a tener un buen almacén organizado.

Una buena recepción y codificación de los suministros de un almacén conlleva que cada referencia tiene asignada una ubicación específica en el almacén y cada ubicación tiene asignadas referencias específicas.

Esto tiene sus ventajas:

- Beneficia el control manual del almacén.
- Optimiza el espacio en almacén.
- El factor tiempo se tiene a favor, al ser más sencillo almacenar los suministros al ser recibidos.
- Facilita la implantación de sistemas informáticos (GMO, que se verá más adelante) para el control de almacén.

La recepción es el proceso de planificación de las entradas de material, descarga y verificación, tal y como se solicitaron o se especifican en contrato.

Al llevar a cabo este proceso, hay que actualizar los registros de inventario.

Se trata de un proceso de altísima importancia dentro de las actividades de almacén, puesto que un almacén bien ordenado, hace ganar tiempo en el mantenimiento.

El objetivo al que se debe tender en una empresa en su proceso de recepción de material es la automatización tanto como sea posible para eliminar o minimizar burocracia e intervenciones humanas que no añaden valor al producto.

Las inspecciones son imprescindibles, pero no añaden valor, por lo que es factor clave una adecuada selección de proveedores para tender hacia una recepción segura y eliminar ciertos pasos de las inspecciones.

En primer lugar, el proceso de recepción de material debe cimentarse en una previsión de entradas que informe de las recepciones que se deben realizar en un tiempo dado y que contenga, al menos, el horario, artículos y procedencia de cada recepción.

El registro y trazabilidad electrónicos de las existencias por ubicación es otro factor que favorece la efectividad y eficiencia de la gestión del almacén y, en concreto, del proceso de recepción y, por ello, la empresa debe tomar las medidas oportunas para conseguirlo.

Conviene distinguir entre las llegadas de material interno de las externas. En el primero de los casos, los requerimientos de recepción son significativamente menores que los materiales de origen externo, en el caso de que se realicen controles de procesos a lo largo de la vida del material. Además, una correcta metodología de identificaciones en la compañía también favorece enormemente la actividad de recepción. Es el caso del traslado de materiales entre almacenes o del proceso de transformación a almacén.

Los materiales de procedencia externa requieren unas condiciones de llegada más exhaustivas y deben haber sido establecidas previamente con el proveedor, con lo que se precisa mayor actuación y responsabilidad desde el almacén.

Tras la descarga e identificación, las cuales deben realizarse de manera inmediata y en zona específica habilitada a tal efecto, los materiales deben pasar a almacenamiento, bien temporal a la espera de su ubicación definitiva, bien fijo en su ubicación definitiva.

Para recepcionar y codificar los materiales, se deben de llevar a cabo dos acciones:

1. Identificar las ubicaciones

   Un almacén tiene diferentes zonas, que se verán más adelante, una importante, o mejor dicho, la que más espacio ocupa es la zona destinada a almacenar los materiales, también denominada zona de reserva o *stock*.

   Las zonas que se deben controlar son estanterías y pasillos:

   — Estanterías: cada estantería tiene asociada una codificación correlativa, del mismo modo que, en cada una de ellas, sus bloques también están identificados con numeración correlativa, así como las alturas de la estantería, empezando desde el nivel inferior y asignando números correlativos conforme se asciende en altura.

   — Por pasillo: en este caso, son los pasillos los que se codifican con números consecutivos. En este caso, cada dos estanterías se van codificando sus bloques, ya que la relación es de un pasillo por cada dos estanterías. La profundidad de las estanterías se codifica con numeraciones de abajo arriba, asignando números pares a la derecha e impares a la izquierda, y empezando por el extremo opuesto en el siguiente pasillo.

2. Codificar los materiales

   Al igual que las ubicaciones, o incluso con mayor importancia, la totalidad de los materiales almacenados deben ser codificadas asignando identificaciones únicas por artículo. Y aún más, esta codificación debe estar relacionada con la utilizada para identificar las ubicaciones y con el resto de procesos de la empresa, no solo los logísticos.

Desafortunadamente, todavía son muchas las empresas que desaprovechan las enormes posibilidades que ofrece disponer de la información para el rastreo de los artículos que circulan o han circulado por la empresa.

Gracias a los avances tecnológicos, la codificación normalizada de materiales y ubicaciones junto a su relación es hoy en día rápida y cómodamente realizable mediante la identificación automática.

Son dos las principales vías de codificación automática que se utilizan en la empresa:

— Codificación de barras: EAN.

— Código QR.

— Etiquetas electrónicas.

La gestión de almacenes basada en códigos de barras permite un control exhaustivo de los productos. El código de barras es un sistema de codificación internacional de los productos que ofrece grandes posibilidades para maximizar la eficiencia en la gestión de las bases de datos que relacionan los flujos físicos y de información de las empresas en sus operaciones cotidianas de intercambio.

Se van a exponer las características del código EAN, bastante extendido.

Con el código EAN las empresas utilizan un lenguaje común compatible con cualquier sistema interno. El sistema EAN proporciona la fórmula para identificar de forma única y no ambigua los artículos y productos, cualquiera que sea su formato o presentación.

El código EAN dispone de un principio básico de gestión: «Toda modificación del producto percibida por el consumidor final tiene un código EAN distinto».

El código QR (*Quick Response,* 'respuesta rápida') es la evolución de los códigos de barra, sistema de codificación creado para leerse con mucha rapidez. Los códigos QR almacenan distintos tipos de información: códigos numéricos, texto, enlaces a páginas web o incluso pequeños archivos binarios.

Los códigos QR gestionan hasta diez veces más información que los códigos de barras, son igualmente efectivos independientemente del tamaño, son más resistentes a dañarse o ensuciarse, y se leen con la mayoría de dispositivos habituales en un almacén. Su lectura es ágil independientemente de la orientación del terminal, al contrario de los códigos de barras, que solo pueden identificarse de forma horizontal.

Sin embargo, los códigos de barras son anteriores a los QR y están más extendidos, también hay ciertos productos que son difíciles de etiquetar mediante códigos QR por una cuestión de forma. Un ejemplo son los cables, donde un código de barras convencional se adapta mejor.

Para trabajar con códigos QR en un almacén, tan solo se necesitan lectores láser específicamente adaptados para esta función.

Por su parte, las etiquetas electrónicas son un recurso más sofisticado. Están basadas en circuitería con microprocesadores, memorias y emisores y receptores de radio, lo que les permite manejar volúmenes de información de miles de *bytes*. Su penetración es sensiblemente inferior a la de los códigos de barras.

Por supuesto, para codificar y almacenar pequeñas cantidades de material, se puede hacer codificación más modesta, así como una base de datos en Excel, como se verá más adelante.

4.2. Organización del almacén

El almacén es una unidad de servicio en la estructura orgánica y funcional de la empresa de mantenimiento con objetivos bien definidos de resguardo, custodia, control y abastecimiento de materiales y productos.

La manera de organizar o administrar el departamento de almacenes depende de varios factores tales como el tamaño y el plano de organización de la empresa, el grado de descentralización deseado, la flexibilidad relativa de los equipos y de la programación de la producción. Sin embargo, para proporcionar un servicio eficiente, las siguientes funciones son comunes a todo tipo de almacenes:

- Recepción de materiales.
- Registro de entradas y salidas del almacén.
- Almacenamiento de materiales.
- Mantenimiento de materiales y de almacén.
- Despacho de materiales.
- Coordinación del almacén con los departamentos de control de inventarios y contabilidad.

El almacén es un lugar especialmente estructurado y planificado para custodiar, proteger y controlar los bienes de activo fijo o variable de la empresa, antes de ser requeridos para la administración, la producción y facturación de servicios.

Todo almacén puede considerarse importante para un negocio según el apoyo que preste a las funciones productoras de utilidades: producción y servicios.

Es importante hacer hincapié en que lo almacenado debe tener un movimiento rápido de entrada y salida, o sea, una rápida rotación.

Todo manejo y almacenamiento de materiales y productos es algo que eleva el costo del producto final sin agregarle valor, razón por la cual se debe conservar el mínimo de existencias con el mínimo de riesgo de faltantes y al menor costo posible de operación.

Los siguientes principios son básicos para todo tipo de almacén:

- La custodia fiel y eficiente de los materiales o productos debe encontrarse siempre bajo la responsabilidad de una sola persona en cada almacén.
- El personal de cada almacén debe ser asignado a funciones especializadas de recepción, almacenamiento, registro, revisión, despacho y ayuda en el control de inventarios.
- Debe existir una sola puerta, o en todo caso, una de entrada y otra de salida (ambas con su debido control).
- Llevar un registro al día de todas las entradas y salidas.
- Es necesario informar a control de inventarios y contabilidad de todos los movimientos del almacén (entradas y salidas), y a programación y control de producción sobre las existencias.
- Se debe asignar una identificación a cada producto y unificarla por el nombre común y conocido de compras, control de inventario y producción.
- La identificación debe estar codificada.
- Cada material o producto se tiene que ubicar según su clasificación e identificación en pasillos, estantes, espacios marcados para facilitar su ubicación. Esta misma localización debe marcarse en las tarjetas correspondientes de registro y control.
- Los inventarios físicos deben hacerse únicamente por personal ajeno al almacén.

- Toda operación de entrada o salida del almacén requiere documentación autorizada según sistemas existentes.
- La entrada al almacén debe estar prohibida a toda persona que no esté asignada a él, y estará restringida al personal autorizado por la gerencia o departamento de control de inventarios.
- La disposición del almacén deberá ser lo más flexible posible para poder realizar modificaciones pertinentes con mínima inversión.
- Los materiales almacenados deberán ser fáciles de ubicar.
- La disposición del almacén deberá facilitar el control de los materiales.
- El área ocupada por los pasillos respecto de la del total del almacenamiento propiamente dicho debe ser tan pequeña como lo permitan las condiciones de operación.

Normalmente debe haber tres áreas de almacén:

- Recepción.
- Almacenamiento.
- Entrega.

El tamaño y distribución de estas tres áreas depende del volumen de operaciones y de la organización de cada empresa en particular. Estas pueden estar completamente separadas e independientes unas de otras, o bien dentro de un solo local.

1. Área de recepción:

   El flujo rápido del material que entra, para que esté libre de toda congestión o demora, requiere de la correcta planificación del área de recepción y de su óptima utilización.

   Las condiciones que impiden el flujo rápido son:

   — Espacio de maniobra restringido o inadecuado.

   — Medios de manejo de materiales deficiente.

   — Demoras en la inspección y documentación de entrada.

   El espacio necesario para el área de recepción depende del volumen máximo de materiales que se descarga y del tiempo de su permanencia en ella.

   El tiempo de permanencia de los materiales en el área de recepción debe ser lo más corto posible, pues el espacio y el costo de operación depende de la fluidez con que estas se pasan del vehículo del proveedor al almacén.

   Todo estancamiento innecesario eleva el costo del producto.

2. Área de almacenamiento:

En la zona de almacenamiento se estudia el espacio que se requiere para cumplir con las finalidades del almacén, ya que ello exige realizar las operaciones que forman el ciclo de almacenamiento, para lo cual es indispensable disponer de espacio suficiente donde se pueda actuar organizadamente, sin inconvenientes ni tropiezos.

Características de la zona de almacenamiento:

El estudio que se haga para elegir una zona de almacenamiento, o para distribuir una zona ya elegida, tiene que realizarse en función de tres factores:

— Entidad a la cual se va servir.

— El espacio del que se dispone.

— Los artículos que en él se van a guardar.

Para determinar en relación a ellos, las características que debe reunir.

Principios básicos en el área de almacenamiento:

— Primera entrada, primera salida. Para evitar que los materiales permanezcan mucho tiempo en almacén sin ser utilizados, por cuanto la llegada de nuevas remesas condenan a las existencias antiguas a continuar en el almacén mientras las nuevas son despachadas.

— Colocar los materiales de mayor demanda más al alcance de las puertas de recepción y entrega para reducir recorrido y tiempo de trabajo.

— Reducir las distancias que recorren los artículos así como el personal. Esta es una manera de reducir los costos de la mano de obra.

— Reducir movimientos y maniobras. Cada vez que se mueve un material o equipo, hay una ocasión más para estropearla.

— Prohibir la entrada al área del almacén a personal extraño. Solo se permitirá ingreso al personal autorizado.

— Controlar las salidas de materiales del área de almacenamiento a través de documentación adecuada.

— Llevar registros de existencias al día.

— Eliminar el papeleo superfluo.

— Reducir el desperdicio de espacio, diseñando la estantería con divisiones a la medida de lo que se almacena.

— El área ocupada por los pasillos respecto a la totalidad del área de almacenamiento debe representar un porcentaje tan bajo como lo permitan las condiciones de operación.

— El pasillo principal debe recorrer a lo largo el almacén. Los transversales perpendiculares al principal deben permitir el fácil acceso a los casilleros, bastidores o pilas independientes de artículos.

— El punto de recepción debe estar ubicado en el extremo del pasillo principal y el punto de distribución en el opuesto.

Si el espacio es muy limitado o crítico por el crecimiento de sus operaciones, puede pensarse en lo siguiente:

— Una mejor ubicación de los medios de almacenamiento: estantes, tarimas, etcétera.

— Un nuevo diseño de estantería, de tipo flexible, que aproveche mejor el espacio existente.

— Una distribución y colocación de los materiales que permita ahorrar espacio por el sistema de almacenamiento diversificado.

— Un aprovechamiento del espacio cúbico con el diseño de pisos o estanterías de varios niveles superpuestos.

— Reducción de pasillos con la utilización de sistemas de estanterías movibles o en bloques.

— Eliminación del almacenamiento de cosas obsoletas o extrañas en el almacén.

— Reducción de existencias por medio de los sistemas y fórmulas en el estudio de control de inventarios.

3. Área de entrega:

   Los materiales que han sido tomados del área de almacenamiento y llevados al área de entrega deben:

— Ser trasladados con el medio mecánico más adecuado.

— Ser acompañados de un documento de salida, una nota de remisión o una factura.

— Ser revisados en calidad y cantidad, mediante el cotejo de los materiales con el documento de salida.

Son varios los problemas que pueden derivarse de la escasa disponibilidad de locales o del hecho de que estos sean poco racionales o inadecuados a las exigencias de la empresa.

Para los almacenes de productos terminados y de materiales, son igualmente válidas análogas consideraciones.

Por lo general, se detectan los siguientes problemas en los almacenes:

— El espacio y el personal es insuficiente.

— El personal es incapaz de alcanzar unos objetivos por falta de entrenamiento.

— El almacén está mal localizado o existe una mala distribución.

— Deficiente colocación de los materiales que dificulta la localización rápida para acomodar y/o surtir la demanda.

— Equipo de almacenamiento inadecuado, obsoleto o en mal estado.

— Equipo de manejo de materiales insuficiente o inadecuado.

4.3. Gestión del *stock*

La necesidad de disponer de inventarios viene dada por la dificultad de coordinar y gestionar en el tiempo las necesidades y requerimientos de los clientes con el sistema productivo y las necesidades de producción con la habilidad de los proveedores de suministrar los materiales en el plazo acordado.

La constitución de inventarios de materiales tiene los siguientes pros y contras:

- Abastece a la empresa de flexibilidad operativa y reduce los costes operacionales.
- Protege el proceso de producción de exigencias imprevistas de consumos de materiales o de demora en la entrega para la instalación de los mismos.
- Se generan costes de administración, personal y sistemas de gestión.
- De espacio físico: alquileres, amortizaciones, impuestos, seguros y suministros.

Los objetivos de la gestión de *stocks* son dos:

- Reducir los niveles de existencias al mínimo posible.
- Asegurar el suministro del material en el momento que es necesario.

La importancia de la gestión de *stocks* está relacionada con los costes que supone su tenencia y con el impacto directo que genera en los resultados de la compañía.

Los *stocks* inmovilizados son una inversión que tiene la empresa y deben ser valorados periódicamente.

La empresa debe tener conocimiento sobre el valor económico de cada tipología de *stock*: equipo crítico, accesorios...

Por otro lado, la tenencia de existencias tiene un impacto directo y perceptible en los resultados de la empresa, ya que una disminución del nivel de existencias supone una reducción del fondo de maniobra, con lo que disminuirá su financiación.

Tipos de *stocks*:

- *Stock* de seguridad es aquel que se dispone para cubrir los incrementos no regulares de la demanda y los retrasos en el suministro de los proveedores.
- *Stock* operativo es el que resulta del reaprovisionamiento del inventario utilizado en la producción.

Una de las claves de la gestión de *stocks* es el control que se debe tener en todo momento del *stock* de la empresa, no solo de ubicación, sino también del estado del mismo.

Existen numerosos métodos de gestión de *stocks* que abarcan desde los más simples, como los métodos visuales o de la línea en cajas hasta los más sofisticados que implican la total automatización del sistema. Sin embargo, lo fundamental no es la utilización de los métodos más sofisticados, sino la utilización de los más adecuados al negocio y particularidades de cada compañía.

El método que se va a utilizar varía en gran medida en función de la memoria histórica documentada disponible, la variabilidad en el comportamiento del aprovisionamiento y de la demanda, y los sistemas de producción.

A continuación, se expondrán algunos de los métodos más utilizados:

- Método determinista: consiste en realizar el reaprovisionamiento de existencias para cubrir necesidades y en el momento en que las existencias llegan a un nivel mínimo. Están basados en planes de aprovisionamientos y en previsión de demanda.
- Método clásico: consiste en la realización del reaprovisionamiento de existencias en función del cálculo del punto de pedido y del *stock* de seguridad,

incluyendo otras variables como la estacionalidad o variabilidad de la demanda, plazos de entrega...

El **punto de pedido** se refiere a aquel nivel de existencias que exige la formulación de un nuevo pedido a fin de satisfacer las necesidades de consumo. Para determinarlo, hay que consolidar las existencias físicamente disponibles con los pedidos pendientes de recepción. Cuando el *stock* de algún artículo disminuya por debajo de este punto, se expondrá considerar la emisión de un nuevo pedido.

4.4. Homologación de proveedores

La homologación de proveedores es un proceso en el cual se analiza y clasifica a los posibles proveedores, con la finalidad de obtener un conjunto de distribuidores de calidad .

La apertura del mercado solar ha hecho que los equipos principales (captadores, estructuras, acumuladores solares...) unidos a los equipos bivalentes, que se usan en fontanería y calefacción, hace que haya mucha oferta de equipos y accesorios para proveerse.

La homologación de proveedores asegura la capacidad que posee el proveedor de suministrar productos de acuerdo con las exigencias de la organización.

La selección de proveedores por parte de una empresa puede suponer la diferencia de estar bien provisto, o tener problemas de abastecimiento.

Es fundamental contar con un grupo de distribuidores que cumplan las exigencias de tiempo, calidad y costos, minimizando los riesgos potenciales.

1. Proceso de homologación

   Los procesos de homologación, en los últimos años, han pasado por las exigencias de los sistemas de gestión de la calidad certificada; de hecho, los proveedores se certifican en sistemas de este tipo, para así dejar constancia que cumplen los estándares de calidad deseada.

   La homologación de proveedores es una de las condiciones necesarias para crear un sistema de calidad total. En este sentido, la normativa ISO 9001 dedica parte de su contenido a definir la evaluación de distribuidores.

   Existen multitud de procesos para la homologación, sin embargo, todos deben contener las siguientes fases:

   — Realizar un cuestionario al proveedor.
   — Crear una ficha técnica.
   — Solicitar acreditaciones de calidad.

Un sistema de homologación aporta las siguientes ventajas:

— Disponer de una relación de proveedores de calidad.

— Establecer una clasificación de proveedores para comparar precios y servicios entre las empresas de la misma categoría.

— Realizar un proceso de mejora del proveedor conjuntamente con la empresa para obtener beneficios por ambas partes.

— Evitar la compra de productos o contratación de servicios que no cumplen los requisitos exigidos.

— Mayor poder de negociación.

— Fomentar la mayor cualificación entre las empresas proveedoras.

La homologación de proveedores es un proceso que no debe llevarse a cabo con todos los intermediarios que se relacionan con la empresa, por lo que es conveniente realizar una clasificación de todos los productos y servicios que son contratados por la misma.

2. Relación con el proveedor

La organización debe aspirar a crear relaciones estables y duraderas con sus proveedores para lo que podrá seguir una serie de pautas:

— Crear una relación de mutua confianza y colaboración. Para mantener una relación sólida será necesario que exista un flujo de información continuo y completo, es decir, la empresa debe facilitar al proveedor todos los datos necesarios para que este pueda ofrecerle aquello que mejor le conviene de acuerdo con sus intereses.

— Solicitar al proveedor que indique mejoras y cambios que pudieran llevarse a cabo en la empresa o el producto para obtener mejores resultados.

— Del mismo modo, la empresa debe comentar al proveedor aquellos aspectos que considera mejorables para obtener un beneficio por ambas partes.

— Establecer objetivos para los proveedores derivados de los errores que pueden cometer cada uno de ellos. Esto servirá para disminuir la ineficacia.

En este punto hay que señalar que, frente a la antigua concepción de relación comercial vista como un enfrentamiento, en la actualidad se está instaurando una visión más cordial, donde no se trata de exprimir en el proceso de compra, sino de llegar a acuerdos que beneficien a ambas partes.

3. Evaluación del proveedor

La evaluación continua se desarrolla en función de ciertos parámetros que valoran la calidad del proveedor, teniendo en cuenta que dichos indicadores pueden y deben ser modificados en función de las necesidades de la organización e, incluso, pueden ser distintos según el proveedor y el producto.

Hay que tener en cuenta que toda homologación de un proveedor tiene su duración, es decir, en un tiempo, hay que volver a evaluar las aptitudes de este como proveedor.

Para realizar la evaluación continua de los proveedores se debe seguir una serie de pasos:

— Definir los parámetros que van a servir para analizar la situación de los proveedores.

— Establecer un porcentaje de importancia para cada uno de ellos, de manera, que entre todos sumen 100. Por tanto, 100 será la puntuación máxima que podrá obtener un proveedor.

— Definir el sistema de valoración de los parámetros, es decir, qué aspectos se van a tener en cuenta para puntuar a cada proveedor.

— Establecer las estrategias de acción para cada uno de los resultados posibles.

— Registrar la información obtenida en una ficha técnica.

Es conveniente incorporar el proceso de evaluación de proveedores en el propio sistema de mejora continua de la empresa. La obtención y el tratamiento de información relativa a los proveedores es una parte más del sistema, que ha de permitir mejorar la organización.

No todos los sectores de actividad permiten a una organización obtener el mismo provecho de un sistema de homologación de proveedores. Sucede cuando estos necesitan más que ser evaluados, ser formados y orientados, en cuyo caso la homologación no es rentable.

Por el contrario, si el proveedor de la organización es una empresa importante con un mayor poder de negociación que la organización, la evaluación únicamente servirá para obtener información, pero con escasos resultados de mejora.

4.5. Mantenimiento y medio ambiente

Hasta ahora, se han propuesto numerosas tareas y actuaciones, tanto en las instalaciones como en el almacén donde se tiene el material; todas estas operaciones pueden generar impactos para el medio ambiente.

La intención es enumerar actuaciones y recomendaciones que se deben tener en cuenta a la hora de preservar el medio ambiente, para lo cual hay que cumplir las normativas vigentes.

Los residuos que se generan en las distintas operaciones de mantenimiento son:

- Asimilables a residuos urbanos: papel y cartón, botellas de vidrio, latas, materia orgánica, envases de productos no peligrosos, trapos y ropa, herramientas viejas, voluminosos (acumuladores).
- Residuos inertes de construcción: escombros, restos de tuberías, valvulería...
- Residuos peligrosos: aceites y líquidos de accesorios y equipos, aerosoles, pinturas y sus envases.
- Emisiones a la atmósfera: ruido, amianto.

Las buenas prácticas ambientales en el mantenimiento de instalaciones llevan a las siguientes acciones:

- No emplear materiales tóxicos o peligrosos como plomo o amianto.
- Evitar materiales fabricados con sustancias que produzcan emisiones tóxicas, como aislantes con formaldehído o asimilables.
- Elegir materiales provenientes de recursos renovables, obtenidos o fabricados por medio de procesos que supongan un mínimo empleo de agua y energía, y en lo posible, materiales y productos elaborados con elementos reciclados.
- Desarrollar prácticas de ahorro de materiales, agua y energía.
- Reducir la generación de residuos y emisiones.
- Adquirir equipos y maquinaria que tengan los efectos menos negativos para el medio (con bajo consumo de energía y agua, baja emisión de ruido, etcétera).
- Elegir herramientas y útiles más duraderos y con menos consumo en su elaboración de recursos no renovables y energía.
- Priorizar los aparatos que permitan reducir el consumo de agua y energía.

- Colocar calderas auxiliares con baja emisión de SOx y NOx, elevada eficiencia energética y baja emisión de ruido.
- Elegir, en lo posible, materiales y productos ecológicos con certificaciones que garanticen una gestión ambiental sostenible.
- Emplear, preferentemente, materiales exentos de emanaciones nocivas, duraderos, transpirables, resistentes a las variaciones de temperatura, fácilmente reparables, obtenidos con materias renovables, reciclados y reciclables.
- Optar preferentemente por tuberías de materiales no peligrosos y menos contaminantes en su ciclo de vida. Son preferibles el polietileno y el polipropileno, al acero galvanizado o el cobre. Los menos indicados desde el punto de vista ambiental son el PVC y el plomo, actualmente en claro desuso por sus problemas sanitarios y ambientales.
- Evitar aislantes que desprendan fibras irritantes o que tengan espumas en aerosoles con CFC y elementos organoclorados (PVC, CFC).
- Priorizar entre los productos impermeabilizantes los menos perjudiciales para el medio, que son por este orden: los elementos de caucho, los producidos a base de betún y asfalto, y las láminas plásticas.
- Solicitar a los proveedores que surtan los productos en envases fabricados con materiales reciclados, biodegradables y que puedan ser retornables.
- Comprar evitando el exceso de envoltorios y en envases de un tamaño que permita reducir la producción de residuos de envases.
- Conocer los símbolos de peligrosidad y toxicidad.
- Comprobar que los productos estén correctamente etiquetados, con instrucciones claras de manejo.
- Elegir, en lo posible, los productos entre los menos agresivos con el medio (adhesivos sin compuestos orgánicos volátiles; disolventes no tóxicos; detergentes biodegradables; sin fosfatos ni cloro; limpiadores no corrosivos, etcétera).
- Garantizar que los elementos almacenados puedan ser identificados correctamente.
- Cerrar y etiquetar adecuadamente los recipientes de productos peligrosos para evitar riesgos.
- Minimizar el tiempo de almacenamiento gestionando los *stocks* de manera que se evite la producción de residuos.

- Observar estrictamente los requisitos de almacenamiento de cada materia o producto.
- Aislar los productos peligrosos del resto.
- Evitar la caducidad de productos.
- Separar los residuos y acondicionar un contenedor para depositar cada tipo de residuo en función de las posibilidades y requisitos de gestión.
- Medir correctamente la longitud de los tubos antes de cortarlos para evitar residuos.
- Reutilizar los trozos de tubo sobrantes para aprovechar al máximo las materias.
- Tener en funcionamiento la maquinaria el tiempo imprescindible reducirá la emisión de ruido y contaminantes atmosféricos.
- Emplear los productos químicos más inocuos y cuidar la dosificación recomendada por el fabricante para reducir la peligrosidad de los residuos.
- Vaciar por completo los envases antes de su eliminación, así se ahorrará producto y se reducirán residuos.
- Aprovechar la luz natural para los operaciones de mantenimiento, y utilizar luz artificial de bajo consumo.

Respecto a la gestión de los residuos, se recomiendan las siguientes acciones:

- Utilizar tuberías de plástico que contengan materiales reciclados.
- Utilizar elementos cuyos desechos posean una mayor aptitud para ser reciclados.
- Rechazar los materiales que se transforman en residuos tóxicos o peligrosos al final de su uso, como los elementos organoclorados (PVC, CFC).
- Con un manejo de los residuos que evite daños ambientales y a la salud de las personas.
- Informar de las características de los residuos y de los requisitos para su correcta gestión.
- Separar correctamente los residuos.
- Presentar por separado o en recipientes especiales los residuos susceptibles de distintos aprovechamientos o que sean objeto de recogidas específicas.

- Depositar los residuos en los contenedores determinados para ello.
- Seguir las pautas establecidas en el caso de residuos objeto de servicios de recogida especial.

En definitiva, la creciente concienciación del medio ambiente y la normativa, que está claramente dirigida a controlar las emisiones, residuos y vertidos de las actividades industriales, marca en el mantenimiento una serie de prácticas necesarias para el equilibrio ambiental de las actividades.

EJERCICIOS PROPUESTOS

4.1. Marca como verdaderas (V) o falsas (F) las siguientes afirmaciones:

- — El uso de la codificación en el almacenaje conlleva a utilizar más espacio del almacén.
- — Los materiales deben ser almacenados al ser recibidos.
- — El factor humano acelera el proceso de recepción y codificación.
- — El tratamiento del material que llega debe ser igual, sin discriminar que sea externo o interno.
- — La única vía de codificación automática es la codificación de barras.

4.2. Enumerar las funciones del almacén.

4.3. Esquematizar los principios básicos del almacén.

4.4. ¿Se deben almacenar materiales en el área de recepción?

4.5. Elige una opción. En el área de almacenamiento, ¿es útil colocar las materiales más usados al alcance de las puertas?

a. No, así hay más posibilidad de robo.

b. Sí, ayuda a reducir recorrido y tiempo de trabajo.

c. Sí, en caso de necesitar que la mercancía esté a un par de grados menos al estar al lado de la puerta, que suele estar abierta.

4.6. Elige una opción. En el área de entrega, los materiales deben salir:

a. Rápidamente, para no obstruir el área.

b. Tras ser revisados en calidad y cantidad.

c. Solo por orden del dueño de la empresa.

4.7. ¿Es un problema en el almacén que esté localizado el centro logístico saturado de almacenes?

4.8. Pros y contras del *stock*.

4.9. Proponer medidas ambientales para la operación de mantenimiento preventivo de pintar aislamientos en circuito primario.

4.10. ¿Afectan los aceites de las instalaciones al medio ambiente? ¿Qué medidas se pueden tomar para mitigar el impacto?

4.11. Determinar si los siguientes datos son objetivos o no solicitarlos a un proveedor para homologarse:

a. Emisiones de gases de efecto invernadero de los dos últimos años.
b. Escrituras de constitución de la empresa pendientes de homologación.
c. Titulación y experiencia laboral del equipo.
d. Principales trabajos y servicios realizados en los dos últimos años.
e. Certificados de calidad.
f. Declaración anual de la renta de los últimos cinco años.

4.12. Una vez que un proveedor está homologado, ¿es necesario volver a revisar o actualizar el proceso de homologación? En caso de serlo, ¿puede ser aceptable hacerlo cada cinco años? ¿Por qué?

5. Gestión del mantenimiento de instalaciones solares térmicas asistido por ordenador

Introducción

En este capítulo, se van a introducir los sistemas de gestión del mantenimiento informático para las IST.

En primer lugar, se hablará de las bases de datos y su creación.

Tras ello, se expondrá el *software* para mantenimiento, describiendo sus características principales.

A continuación, se describirá la gestión de compras, sus características principales y el almacenamiento de esta.

Por último, se hará una introducción al mantenimiento predictivo, una puerta nueva de mantenimiento, y se describirá algún método aplicable a estas instalaciones.

Instalación Solar Térmica en viviendas, cortesía Enalter Energía Alternativa, S. L.

Contenido

Objetivos

- Supervisar los sistemas informáticos de gestión empleados en los procesos de explotación y mantenimiento de instalaciones solares térmicas, verificando que se ajustan a los parámetros de funcionamiento establecidos.
- Razonar la organización, prestaciones y aplicación de un programa informático para la gestión y control del mantenimiento.

5.1. Bases de datos

Las bases de datos son una recopilación organizada y estructurada de información a la cual se puede acceder y gestionar con facilidad. Los datos son administrados por medio de un sistema de gestión de base de datos, los cuales se conocen como *Database Management System* o por sus siglas DBMS.

Las bases de datos más usadas son Oracle, DB2 o SQL Server o, incluso, Microsoft Access.

Aunque no es una base de datos como tal, Microsoft Excel puede considerarse como tal, ya que es muy común su uso por la facilidad que ofrece para guardar datos y estructurarlos mediante etiquetas de filas y columnas.

Cada base de datos se compone de una o más tablas que guardan un conjunto de datos. Cada tabla tiene una o más columnas y filas. Las columnas guardan una parte de la información sobre cada elemento que se quiera guardar en la tabla; cada fila de la tabla conforma un registro.

Características

Entre las principales características de los sistemas de base de datos se puede mencionar:

- Independencia lógica y física de los datos.
- Redundancia mínima.
- Acceso concurrente por parte de múltiples usuarios.
- Integridad de los datos.
- Consultas complejas optimizadas.
- Seguridad de acceso y auditoría.
- Respaldo y recuperación.
- Acceso a través de lenguajes de programación estándar.

Los sistemas de gestión de base de datos (SGBD) son un tipo de *software* muy específico, dedicado a servir de interfaz entre la base de datos, el usuario y las aplicaciones que la utilizan. Se compone de un lenguaje de definición de datos, de un lenguaje de manipulación de datos y de un lenguaje de consulta.

Ventajas de las bases de datos

- Control sobre la redundancia de datos. Los sistemas de ficheros almacenan varias copias de los mismos datos en ficheros distintos. Esto hace que se desperdicie espacio de almacenamiento, además de provocar la falta de consistencia de datos.

  En los sistemas de bases de datos todos estos ficheros están integrados, por lo que no se almacenan varias copias de los mismos datos. Sin embargo, en una base de datos no se puede eliminar la redundancia completamente, ya que en ocasiones es necesaria para modelar las relaciones entre los datos.

- Consistencia de datos. Eliminando o controlando las redundancias de datos se reduce en gran medida el riesgo de que haya inconsistencias. Si un dato está almacenado una sola vez, cualquier actualización se debe realizar solo una vez, y está disponible para todos los usuarios inmediatamente. Si un dato está duplicado y el sistema conoce esta redundancia, el propio sistema puede encargarse de garantizar que todas las copias se mantienen consistentes.

- Compartición de datos. En los sistemas de ficheros, los ficheros pertenecen a las personas o a los departamentos que los utilizan. Pero en los sistemas de bases de datos, la base de datos pertenece a la empresa y puede ser compartida por todos los usuarios que estén autorizados.

- Mantenimiento de estándares. Gracias a la integración, es más fácil respetar los estándares necesarios, tanto los establecidos a nivel de la empresa como los nacionales e internacionales. Estos estándares pueden establecerse sobre el formato de los datos para facilitar su intercambio, pueden ser estándares de documentación, procedimientos de actualización y también reglas de acceso.

- Mejora en la integridad de datos. La integridad de la base de datos se refiere a la validez y la consistencia de los datos almacenados. Normalmente, la integridad se expresa mediante restricciones o reglas que no se pueden violar. Estas restricciones se pueden aplicar tanto a los datos como a sus relaciones, y es el SGBD quien se debe encargar de mantenerlas.

- Mejora en la seguridad. La seguridad de la base de datos es la protección de la base de datos frente a usuarios no autorizados. Sin unas buenas medidas de seguridad, la integración de datos en los sistemas de bases de datos hace que estos sean más vulnerables que en los sistemas de ficheros.

- Mejora en la accesibilidad a los datos. Muchos SGBD proporcionan lenguajes de consultas o generadores de informes que permiten al usuario hacer cualquier tipo de consulta sobre los datos, sin que sea necesario que un programador escriba una aplicación que realice tal tarea.
- Mejora en la productividad. El SGBD proporciona muchas de las funciones estándar que el programador necesita escribir en un sistema de ficheros. A nivel básico, el SGBD proporciona todas las rutinas de manejo de ficheros típicas de los programas de aplicación.

  El hecho de disponer de estas funciones permite al programador centrarse mejor en la función específica requerida por los usuarios, sin tener que preocuparse de los detalles de implementación de bajo nivel.
- Mejora en el mantenimiento. En los sistemas de ficheros, las descripciones de los datos se encuentran inmersas en los programas de aplicación que los manejan.

  Esto hace que los programas sean dependientes de los datos, de modo que un cambio en su estructura, o un cambio en el modo en que se almacena en disco, requiere cambios importantes en los programas cuyos datos se ven afectados.

  Sin embargo, los SGBD separan las descripciones de los datos de las aplicaciones. Esto es lo que se conoce como independencia de datos, gracias a la cual se simplifica el mantenimiento de las aplicaciones que acceden a la base de datos.
- Aumento de la concurrencia. En algunos sistemas de ficheros, si hay varios usuarios que pueden acceder simultáneamente a un mismo fichero, es posible que el acceso interfiera entre ellos de modo que se pierda información o se pierda la integridad. La mayoría de los SGBD gestionan el acceso concurrente a la base de datos y garantizan que no ocurran problemas de este tipo.
- Mejora en los servicios de copias de seguridad. Muchos sistemas de ficheros dejan que sea el usuario quien proporcione las medidas necesarias para proteger los datos ante fallos en el sistema o en las aplicaciones. Los usuarios tienen que hacer copias de seguridad cada día, y si se produce algún fallo, utilizar estas copias para restaurarlos.

  En este caso, todo el trabajo realizado sobre los datos desde que se hizo la última copia de seguridad se pierde y se tiene que volver a realizar. Sin embargo, los SGBD actuales funcionan de modo que se minimiza la cantidad de trabajo perdido cuando se produce un fallo.

Desventajas de las bases de datos

- Complejidad. Los SGBD son conjuntos de programas que pueden llegar a ser complejos con una gran funcionalidad. Es preciso comprender muy bien esta funcionalidad para poder realizar un buen uso de ellos.
- Coste del equipamiento adicional. Tanto el SGBD, como la propia base de datos, puede hacer que sea necesario adquirir más espacio de almacenamiento. Además, para alcanzar las prestaciones deseadas, es posible que sea necesario adquirir una máquina más grande o una máquina que se dedique solamente al SGBD. Todo esto hará que la implantación de un sistema de bases de datos sea más cara.
- Vulnerable a los fallos. El hecho de que todo esté centralizado en el SGBD hace que el sistema sea más vulnerable ante los fallos que puedan producirse. Es por ello que deben tenerse copias de seguridad (*Backups*).

Tipos de campos

Cada sistema de base de datos posee tipos de campos que pueden ser similares o diferentes. Entre los más comunes se indican:

- Numérico: entre los diferentes tipos de campos numéricos existen enteros «sin decimales» y reales «decimales».
- Booleanos: poseen dos estados, por ejemplo, **V** (verdadero)-**F** (falso) o **sí-no**.
- Memos: son campos alfanuméricos de longitud ilimitada. Presentan el inconveniente de no poder ser indexados.
- Fechas: almacenan fechas facilitando posteriormente su explotación. Almacenar fechas de esta forma posibilita ordenar los registros por fechas o calcular los días entre una fecha y otra.
- Alfanuméricos: contienen cifras y letras. Presentan una longitud limitada (255 caracteres).
- Autoincrementables: son campos numéricos enteros que incrementan en una unidad su valor para cada registro incorporado. Su utilidad resulta: servir de identificador, ya que resultan exclusivos de un registro.

Tipos de bases de datos

Entre los diferentes tipos de base de datos, se pueden encontrar las siguientes:

- MySql: es una base de datos con licencia GPL basada en un servidor. Se caracteriza por su rapidez. No es recomendable usar para grandes volúmenes de datos.

- PostgreSql y Oracle: son sistemas de base de datos poderosos. Administran muy bien grandes cantidades de datos y suelen ser utilizadas en intranets y sistemas de gran calibre.
- Access: es una base de datos desarrollada por Microsoft. Esta base de datos debe ser creada bajo el programa Access, el cual crea un archivo con extensión .mdb y una estructura sencilla.
- Microsoft SQL Server: es una base de datos más potente que Access desarrollada por Microsoft. Se utiliza para manejar grandes volúmenes de información.
- DB2: proporciona una plataforma de datos para operaciones tanto transaccionales como analíticas, así como disponibilidad continua de datos para mantener los flujos de trabajo transaccionales y los análisis operando de manera eficiente.

Una base de datos, a fin de ordenar la información de manera lógica, posee un orden que debe ser cumplido para acceder a la información de manera coherente. Cada base de datos contiene una o más tablas, que cumplen la función de contener los campos.

Por supuesto, en pequeñas instalaciones se usan hojas Excel, más sencillas de realizar, pero no se catalogan como bases de datos; no pueden cumplir funciones de bases de datos.

Por consiguiente, una base de datos posee el siguiente orden jerárquico:

- Tablas
- Campos
- Registros

El lenguaje SQL es el más universal en los sistemas de base de datos. Este lenguaje permite realizar consultas a las bases de datos para mostrar, insertar, actualizar y borrar datos.

5.2. Creación de base de datos

Evidentemente, el proceso de creación de una base de datos depende del lenguaje o programa utilizado, para pequeñas instalaciones se pueden utilizar hojas Excel, pero, en general, lo más acertado, y más si la base de datos es de tamaño mediano, es utilizar un lenguaje especializado. Básicamente, los elementos que hay que definir para crearla son:

- Tabla de definición de campos.
- Hoja de ingresos de datos.
- Un formato de salida.
- Un procedimiento de selección de campos para el diccionario.

Es muy importante que la base de datos tenga la capacidad de ser modificable, y sus ficheros puedan ser exportados a algún formato común para su archivo y posterior tratamiento.

Como ya se ha definido, una base de datos es una recopilación de información relacionada con un tema o un propósito particular, un conjunto de registros y archivos organizados para un uso determinado.

Hay dos tipos de bases de datos:

1. Bases de datos simples: solo tienen una tabla.
2. Bases de datos compuestas: tiene más de una tabla, y están relacionadas.

Lo más importante para crear una base de datos es que esté bien diseñada; los puntos que hay que tener en cuenta para crearlas son los siguientes:

- Los tipos de datos con los que se trabaja.
- La información que se desea obtener.
- La manera de estructurar la información almacenada para obtener los objetivos marcados.
- La relación entre los datos
- Lo que se necesita almacenar de cada tema para gestionarlas correctamente.

Se van a realizar las definiciones correspondientes:

1. Campo: contiene la información sobre cada registro y pueden ser de distintos tipos:
    a. Texto.
    b. Numérico.
    c. Fecha/hora.
2. Registro: fichas de las que se compone una tabla de base de datos.

Los distintos elementos en una base de datos en el diseño se representan de la siguiente forma:

Tablas o entidad campos: se encuentran distintos tipos de campos:

- Campo simple.
- Campos compuestos: los valores que toman se componen de otros valores.
- Campo identificador: permite distinguir los distintos registros de una tabla.

Condiciones para que un campo sea identificador:

1. No se puede repetir.
2. No puede ser nulo.

Campo multivaluado: en un mismo registro este campo puede tomar varios valores.

Campo no nulo: nunca puede estar vacío.

Relaciones entre las tablas

En una base de datos compuesta es necesario relacionar las tablas. Existen diferentes formas de relacionar las tablas:

- Un dato o elemento de la tabla principal solo se puede relacionar con un dato de la tabla secundaria.
- El nombre de este tipo de relación es (uno a uno) (1 a 1) 1 : 1.
- Un elemento de la tabla principal se puede relacionar con muchos elementos de la tabla secundaria, 1 a muchos 1 : N.
- Un elemento de la tabla principal pueden relacionarse con muchos elementos de la tabla secundaria. Pero un elemento de la tabla secundaria también puede relacionarse con muchos elementos de la tabla principal.
- Muchos a muchos N : N.

5.3. *Software* de mantenimiento preventivo y correctivo

El tamaño que pueden llegar a alcanzar las instalaciones solares condiciona que la gestión de su mantenimiento se haga también compleja, por la importante cantidad de datos que hay que controlar.

Dependiendo de la entidad de la instalación, es preciso manejar un gran volumen de datos para controlar las evoluciones de todos los parámetros de mantenimiento de la instalación; las diferentes funciones, para perfeccionar de forma permanente las gamas de mantenimiento, para emitir informes precisos y oportunos, etc., y para optimizar la propia gestión del servicio.

En algunos casos, para pequeñas instalaciones, se lleva todo con pequeñas aplicaciones informáticas, como puede ser el uso de hojas Excel, un sistema efectivo y sencillo para esta tipología de instalaciones, pero, en general, inconexo.

Sin embargo, en otras instalaciones de mayor tamaño, la magnitud y extensión de las instalaciones y el elevado número de elementos y componentes que hay que controlar requiere, de forma cada día más imprescindible, de la implantación y utilización de eficientes programas de gestión del mantenimiento asistidos por ordenador (GMO).

Se puede hacer uso de programas de mantenimiento específicos para IST, o bien adaptar alguno de instalaciones industriales; en todo caso, existen empresas de programación que hacen programas a medida de las necesidades de cualquier tipo de instalación.

Para poder conseguir los resultados pretendidos, son estructurados a medida de las necesidades reales de gestión de las instalaciones de cada edificio concreto y con capacidad suficiente para dar cabida a la totalidad de equipos y sistemas en sus protocolos y utilidades. Por otra parte, en las instalaciones se utilizan muchos elementos y equipos de características y funciones similares: motobombas, disipadores, válvulas, elementos de regulación y control, como son los equipos eléctricos, etc., que se repiten frecuentemente en los diferentes sistemas instalados, los cuales también se dedican a funciones similares, por no decir idénticas, con independencia de su tamaño. Este tipo de instalaciones configuradas con múltiples sistemas y subsistemas repetitivos son ideales para la aplicación de protocolos de gestión y mantenimiento basados en aplicaciones informáticas.

Sin embargo, hay otros equipos que no cumplen con estas similitudes, y también deben ser implementados en el sistema.

Los responsables de la gestión técnica y económica de mantener las instalaciones solares deben diseñar las aplicaciones de GMO idóneas, no solo desde el punto de vista de su adaptación a las instalaciones que se deban controlar en cada caso, sino también considerando las capacidades estructurales de gestión técnica de la empresa mantenedora que desarrolle el servicio.

La aplicación que se seleccione deberá estar diseñada con la capacidad necesaria para facilitar y agilizar la gestión integral de instalaciones a las que se destine, con el fin de optimizar los recursos humanos disponibles y generar una información detallada y amplia de las intervenciones de mantenimiento preventivo y correctivo llevadas a término en los diferentes equipos, posibilitando la adaptación continua de protocolos y gamas específicas de mantenimiento preventivo y el establecimiento de históricos de incidencias e intervenciones que converjan en planteamientos de mantenimiento predictivo eficientes y que hagan posibles la toma de decisiones oportunas y la definición de estrategias correctas a los responsables de la gestión del edificio.

Se van a resumir las características y funciones principales que deberían estar disponibles en toda aplicación de asistencia informatizada a la gestión del mantenimiento de las instalaciones térmicas de un edificio actual, para que resulte verdaderamente eficaz:

Características básicas:

La aplicación GMO que se va a implementar deberá reunir las siguientes características básicas:

- Funcionar en un entorno de sistema operativo actual de fácil acceso. El sistema Windows es el más utilizado y compatible hasta ahora; sin embargo, hay que tener en cuenta otros sistemas operativos, como Linux, por su virtud de *software* libre y su fiabilidad probada, aunque está menos extendido.
- Haber sido diseñada por profesionales del mantenimiento, con experiencia en mantenimiento asistido por ordenador.
- Contar con una alta velocidad de proceso de datos, lo que requiere, paradójicamente, un buen mantenimiento del *hardware*.
- No requiere ordenadores de gran capacidad para su utilización. En principio, eso dependerá del alcance del mantenimiento y del volumen de datos que genera; incluso hay que realizar un análisis de economía de escala para decidir qué equipo informático y con qué relación calidad-precio se desea alcanzar.
- Tener la posibilidad de compatibilizarse con otras aplicaciones de gestión del edificio.
- Ser de fácil manejo y no precisar de conocimientos especiales de informática. Las instrucciones últimas deben ser claras y concisas.

Se deben determinar las funciones que debe asumir un sistema de este tipo; como mínimo, debe asimilar las siguientes funciones:

- Crear tipos de instalaciones independientes: deberá tener capacidad para la creación de tipos de instalaciones, familias de elementos y componentes, y para la aplicación de criterios de asistencia técnica, definiendo sistemas completos o bien subsistemas o partes de ellos, que permitan la estructuración de los servicios a prestar y de los costes del mantenimiento necesario.

- Generar inventarios de equipos por instalaciones o sistemas: deberá tener capacidad para crear inventarios de los equipos que integran cada instalación, sistema o subsistema, confeccionando una ficha técnica para cada equipo, accesorio o componente, en la que se deberán recoger todas sus características técnicas y de servicio. Deberá también poder confeccionar fichas para otros elementos y componentes que no sean propiamente maquinaria ni equipos, pero que precisen de la realización sobre ellos de intervenciones de mantenimiento.

- Generar planes de mantenimiento preventivo para cada instalación, sistema o subsistema: a partir de los inventarios de equipos creados y basándose en los datos que se le parametrice para cada equipo, la aplicación GMO deberá ser capaz de generar automáticamente un Plan de Mantenimiento Preventivo completo para el mismo. Las intervenciones incorporadas a GMO deberán cumplir con cada uno de los reglamentos y normas vigentes para cada una de las instalaciones, sistemas o subsistemas sometidos a control. El plan generado deberá tener la flexibilidad suficiente para permitir modificaciones y adaptaciones por el usuario, en función de las necesidades cambiantes que, en cada momento, puedan plantearse en la instalación.

- Emitir gamas de intervenciones de mantenimiento preventivo para cada instalación, sistema o subsistema.

- La aplicación GMO deberá registrar e indicar fechas iniciales de intervenciones y, a partir de estas fechas de primera actuación, deberá ser capaz de distribuir automáticamente las frecuencias de cada intervención así como los trabajos a efectuar en cada intervención, según las necesidades previamente definidas para cada instalación o sistema.

- Esta utilidad deberá permitir también generar listados de los partes e informes de intervenciones de mantenimiento preventivo, donde se describirán las actuaciones programadas, los equipos a revisar y las tareas correspondientes a cada actuación.

- Crear históricos: una vez procesadas las intervenciones de mantenimiento realizadas, junto con las observaciones de posibles incidencias, la aplicación GMO deberá confeccionar los históricos que permitirán la emisión de informes, cuya periodicidad vendrá determinada en función de las necesidades específicas de cada instalación.

- Emitir partes de avería: para la programación de intervenciones correctivas y de reparación de averías en cualquier equipo o accesorio inventariado, la aplicación GMO deberá permitir la generación de partes de avería o incidencia, los cuales, una vez cumplimentados tras procesar la resolución de las averías, se utilizarán para la elaboración de archivos históricos de incidencias que facilitarán el análisis de los costes de incidencias en cada instalación, sistema o subsistema y el perfeccionamiento de la planificación de intervenciones preventivas.

- Gestionar *stocks*: la aplicación GMO deberá disponer de la función de gestión de almacenes que permita el control de materiales consumibles, repuestos, etc., utilizados en el mantenimiento, tanto preventivo como correctivo, de las instalaciones y equipos controlados.

- Analizar costes de mantenimiento: a partir del registro diario de los trabajos realizados y previo control de todos los partes de trabajo o informes de intervenciones o incidencias, la aplicación GMO deberá ser capaz de elaborar y emitir los resúmenes de los costes de mantenimiento vinculados a cada equipo, distinguiendo entre materiales utilizados y mano de obra empleada. Igualmente posibilitará el control y la gestión económica de los programas de mantenimiento preventivo y correctivo sistemático, fundamentando la adopción de las decisiones de modificación adecuadas a la evolución del servicio, en cada momento.

- Personalizar calendarios: la aplicación GMO debe contar con una utilidad que permita adaptar a cada instalación, sistema o subsistema, su calendario de intervenciones, personalizándolo en función de los horarios y necesidades de cada usuario.

Por último, se hará hincapié en que las características de un *software* para mantenimiento preventivo han de ser prácticamente las mismas que para mantenimiento correctivo; de hecho, exceptuando algunas órdenes, son prácticamente iguales.

5.4. Gestión y almacenamiento de compras

Se va a definir la gestión y almacenamiento de compras como el conjunto de operaciones con el objeto de adquirir los equipos y accesorios necesarios para la ejecución del mantenimiento.

Se persigue lo siguiente:

- Cumplir las especificaciones técnicas de los materiales y accesorios.
- Que tenga el coste más bajo, o bien, la mejor relación calidad-precio.
- Que se haga en el plazo adecuado.
- Que el material llegue en las mejores condiciones.

El proceso incluye las siguientes etapas:

- Petición de oferta.

  Se deben solicitar al menos tres ofertas, mediante el documento, que contiene las características técnicas de los materiales o servicios a contratar y las condiciones generales de compra (plazo validez de la oferta, forma de pago, avales, retenciones, garantías, penalizaciones, plazo...).

- Análisis y comparación de ofertas: decisión de compra.

  Basándose en criterios técnicos, económicos y estratégicos, el director de compras, o la persona que cumple esa función al efecto, debe tomar la decisión de la compra.

- Generación de la orden de compra.

  En esta etapa, primero se fijan los parámetros anteriores, si han existido modificaciones a negociar y, una vez de acuerdo, se crea el pedido (que legalmente es un contrato compra-venta), con las condiciones generales, obligaciones y derechos.

  Debe ser enviado al proveedor, el cual debe informar de que lo ha recibido y devolver copia sellada y firmada, ya que se establece una relación contractual.

Se denomina *stocks* o existencias, en general, de la empresa que realiza el mantenimiento al conjunto de materiales y artículos que se almacenan, tanto aquellos que son necesarios para el proceso de mantenimiento como los destinados a otros usos.

Si se eligen adecuadamente los materiales que se almacenan para hacer frente al mantenimiento de instalaciones, es posible que se mejore la práctica del mantenimiento y a la vez se contenga e incluso reduzca se el coste del mismo.

Si se elige mal, se crean más problemas, a la vez que se harán más graves los existentes y se aumentarán los costes del mantenimiento.

En principio, la gestión del *stock* y almacenamiento va a depender de varios factores, el siempre comentado factor de escala, que va a tener mayor importancia en este apartado; por otra parte, también cobra mucha importancia el tipo de mantenimiento que se aborda: preventivo o correctivo.

En el caso de abordar mantenimiento preventivo, como se trata de operaciones programadas, siempre va a existir una partida de material fungible y de repuestos que con seguridad se va a utilizar; una breve visita a las instalaciones, previa a las operaciones, puede desvelar si será necesario sustituir algún accesorio que usualmente no se tenga en *stock*, por lo que prácticamente es posible predecir las necesidades de almacenaje para estas operaciones.

Otro asunto es abordar el mantenimiento correctivo, ya que evidentemente hay accesorios y equipos que no se sabe con certeza cuándo van a fallar; por supuesto, no por ello hay que tenerlos en *stock*, ya que eso implicaría una inversión innecesaria y no abordable.

Los principales problemas que se encuentran en la gestión de almacenamiento son:

- Inapropiada inversión en materiales y complejidad técnica.
- Asignación de recursos humanos de baja calificación técnica.
- Clasificación de materiales inapropiados.
- Codificación deficiente de materiales.
- Alto valor de los inventarios, más del 70 % de los artículos de escaso valor de consumo anual, pocos artículos con gran valor de inventario.
- Alto porcentaje de artículos sin movimientos, alto porcentaje de *stock* muerto, bajo nivel de servicio, es decir, que no se atiende una proporción importante de solicitudes de materiales de almacén.
- Tiempos lentos de reposición especialmente en artículos de importación.
- Desconocimiento del coste de compras y mantenimiento en almacén.
- Compras de artículos basados en criterios de lotes no económicos originando exceso de coste administrativo al producir sobre *stock*.
- Niveles de servicio, fijación de mínimos y máximos sin criterios técnicos apropiados generando pedidos antes de tiempo y sin tomar en cuenta la dinámica operativa de los equipos.

- Dificultades en la asignación de factores de servicio apropiados a la criticidad de cada artículo.
- Control de inventarios, registros atrasados y limitada correspondencia entre los inventarios reales y libros.
- Igual tratamiento para cada artículo sin tomar en consideración la importancia de cada una de las operaciones.
- Generación de información indiscriminada dificultando su análisis.
- Material obsoleto no desincorporado.
- Dificultad en el manejo de material excedente de proyectos.

El objetivo final de cualquier modelo de inventarios es determinar la cantidad de artículos deben pedirse y el momento en que deben pedirse. La respuesta siempre se expresa en términos de lo que se llama cantidad de pedido. Esta representa la cantidad óptima que debe ordenarse cada vez que se haga un pedido y puede variar con el tiempo, dependiendo de la situación que se considere. La respuesta a la segunda interrogante depende del tipo de sistema de inventarios. Si el sistema requiere revisión periódica en intervalos de tiempo iguales (por ejemplo, cada semana o cada mes), el tiempo para adquirir un nuevo pedido suele coincidir con el inicio de cada intervalo de tiempo. Por otra parte, si el sistema es del tipo de revisión continua, el nivel de inventario en el cual debe colocarse un nuevo pedido suele especificar un punto para un nuevo pedido.

El coste de compra se vuelve un factor importante cuando el precio de la unidad de mercancía depende del tamaño pedido. Esta situación se expresa normalmente en términos de un descuento por cantidad o una reducción de precio, donde el precio unitario del artículo disminuye con el incremento de la cantidad ordenada. El coste fijo representa el gasto fijo (o no variable) en que se incurre cuando se hace un pedido. Por lo tanto, para satisfacer la demanda en un período, el pedido (más frecuente) de cantidades menores dará origen a un coste fijo mayor durante el período, que si se satisface la demanda haciendo pedidos mayores y, por lo tanto, menos frecuentes. El coste de mantenimiento que representan los costos de almacenamiento de productos normalmente aumenta con el nivel de inventario. Por último, el coste de escasez es una penalización en la que se incurre cuando se termina la existencia de un producto que se necesita. Por lo general, incluye costes que se acreditan a la pérdida de la benevolencia del cliente y también a la pérdida potencial del ingreso.

Los estudios metodológicos para gestionar el *stock* de grandes industrias consideran variables de costes, tasas de falla, tiempos de reposición y reparación, incluso análisis de sensibilidad entre estas, a través del manejo de escenarios, dado que, por ser un sistema computarizado basado en modelos matemáticos de múltiples variables, almacena y luego compara dichos escenarios, lo cual facilita la selección de la mejor alternativa.

Sin embargo, las IST a estudio no es entendible que se ajusten a estas escalas, ni siquiera las mayores instalaciones solares térmicas para viviendas o procesos industriales.

Al ajustar las operaciones de mantenimiento preventivo, por ejemplo, en una instalación doméstica de 300 litros de acumulación, con dos captadores de 2 m^2 cada uno, se puede ver la ausencia de equipos críticos para almacenar, ya que una reposición de los citados elementos implica un estudio de inversión (eso sí, de poco detalle) muy cercano al coste de la instalación completa; prácticamente los materiales fungibles y accesorios necesarios para el mantenimiento programado son básicos: pintura, aislamiento, válvulas, ánodo de protección catódica...

En una instalación de producción de agua caliente para viviendas, por ejemplo, de 5000 litros de acumulación y 60 m^2 de captación, sí se puede encontrar, a la hora de identificar elementos para su almacenamiento, accesorios y materiales críticos, o bastante importantes, que existirá la duda de tener en el almacén o solo comprarlos en caso necesario.

5.5. Mantenimiento predictivo

El mantenimiento predictivo es un tipo de mantenimiento que relaciona una variable física con el desgaste o estado de una máquina. El mantenimiento predictivo se basa en la medición, seguimiento y monitoreo de parámetros y condiciones operativas de un equipo o instalación.

El estudio del seguimiento de estos valores lleva a calcular, o más o menos ajustar, sobre cuándo puede fallar la instalación, o bien el elemento en concreto que se está analizando. Por supuesto, puede haber margen de error. Esto es lo que se llama técnica predictiva.

Se podría decir que si no se organiza el mantenimiento, y se limita a reparar las averías que se van produciendo, o en el mejor de los casos, realizando las operaciones de mantenimiento preventivo recomendadas por el fabricante de los equipos, obviando las demás, no se está haciendo mantenimiento: de aquí parte el concepto de mantenimiento predictivo.

En el mantenimiento predictivo, se evalúa el estado de los componentes mecánicos o eléctricos de la instalación mediante técnicas de seguimiento y análisis, permitiendo programar las operaciones de mantenimiento solamente cuando son necesarias. Consiste esencialmente en el estudio de ciertas variables o parámetros relacionados con el estado o condición del medio que se mantiene como, por ejemplo, la vibración, temperatura, aceites, aislamientos, etc. El estudio de estos parámetros suministra información del estado de sus componentes y, algo también muy importante, del modo en que está funcionando dicho equipo, permitiéndonos no solo detectar problemas de componentes, sino también de diseño y de montaje. El objetivo del mantenimiento predictivo es la reducción de los costes de operación y de mantenimiento incrementando la fiabilidad del equipo.

La base del mantenimiento predictivo radica en la monitorización de los equipos, ya que se deben evaluar los parámetros antes comentados con la instalación en funcionamiento normal. No es por tanto necesario hacer una parada para poder evaluar la condición de los mismos; se conoce el estado de las máquinas mientras están trabajando.

Con las diferentes técnicas disponibles se pueden evaluar los fallos en los componentes y seguir su evolución durante largos períodos de tiempo (a veces meses) antes de decidir la intervención más conveniente, de esta manera se puede coordinar con producción el momento más adecuado para la intervención de mantenimiento.

Frente al mantenimiento preventivo, el mantenimiento predictivo tiene la ventaja indudable de que en la mayoría de las ocasiones no es necesario realizar grandes desmontajes, y en muchos casos ni siquiera parar la instalación.

Si tras la inspección se aprecia algo irregular, se propone o se programa una intervención. Además de prever el fallo catastrófico de una pieza y, por tanto, pudiendo anticiparse a este, las técnicas de mantenimiento predictivo ofrecen una ventaja adicional: la compra de repuestos se realiza cuando se necesita, eliminando pues *stocks*.

Las técnicas predictivas que habitualmente se emplean son las siguientes:

- Análisis de vibraciones
- Boroscopias
- Termografías
- Análisis de aceites
- Control de espesores en equipos estáticos
- Inspecciones visuales
- Lectura de indicadores

La aplicación de estas técnicas es poco frecuente en energía solar, ya que su origen se remonta a grandes instalaciones industriales. El mantenimiento predictivo trata de eliminar costes en la ejecución del mismo sin perder su finalidad, que es la explotación del medio a mantener el mayor tiempo posible y con el menor coste.

El análisis de vibraciones y las termografías fueron las primeras técnicas que se utilizaron para IST, incluso su uso se ha extendido a instalaciones más modestas, por la bajada de costes de los aparatos.

Por supuesto, este tipo de mantenimiento tiene sus limitaciones, ya que no puede cubrir completamente las virtudes del mantenimiento preventivo.

Además, se puede dar un paso más, si mediante un análisis de vibraciones se detectan problemas de cavitación en bombas y se evalúan las condiciones de funcionamiento de las mismas, se podría llegar a la conclusión de malas condiciones en la aspiración, lo que llevaría replantearse el diseño de la instalación. De la misma forma, la detección de problemas en la alineación de motor y bomba podría indicar defectos en el montaje de las mismas, cuya solución evitaría daños posteriores en acoplamientos y rodamientos. Esta característica es común al análisis de problemas en mantenimiento preventivo, que lleva a replantearse diseños en algunas ocasiones.

Para que la implantación sea efectiva, se tienen que seguir una serie de pasos; primero, hay que implantar poco a poco esta tecnología, no tiene sentido utilizar varios métodos a la vez desde un principio y en todos los equipos. También se deben analizar los datos obtenidos correctamente; en el caso contrario, no se habrán obtenido beneficios a nuestra inversión.

Será necesario en primer lugar hacer una selección de los equipos que se van a monitorizar; esta vendrá condicionada por una serie de factores, entre los que se encuentran la criticidad o responsabilidad del equipo, la accesibilidad al mismo y la información técnica que se pueda disponer de él. Hay que centrarse en un pequeño número de ellos, analizando qué técnica se va a aplicar en un primer momento; normalmente el análisis de vibraciones es la de más amplia utilización. Se realizará un programa piloto con los mismos, localizando defectos, analizando causas y retroalimentando el sistema, una vez hayan sido erradicados los defectos. Asimismo, se aprovechará para probar distintos sistemas de GMAO (*software* de gestión de mantenimiento asistido por ordenador), tratando de elegir aquel que se adecúe más a las necesidades y resulte de más fácil de utilizar.

En principio, los puntos de medida para una mediana o gran instalación podrían ser:

- Campo de colectores
- Bomba de circuito primario
- Intercambiador
- Bomba de circuito secundario
- Sistema de acumulación
- Sistema de control
- Entrada de agua de abastecimiento

Una vez se haya obtenido una valoración positiva de la experiencia piloto, se pasará a realizar una extensión de la aplicación a un mayor número de equipos y así sucesivamente hasta conseguir una implantación total con la integración de distintas tecnologías y una gestión adecuada de los datos obtenidos. Si el proceso se realiza de forma progresiva y sin prisas, los resultados económicos no tardarán en ser evidentes y en muchas ocasiones sorprendentes.

La justificación técnica del mantenimiento predictivo es evidente, basta para ello comparar las actuaciones que se realizan cuando se efectúa un mantenimiento preventivo o correctivo en las instalaciones con las que se tendría que realizar cuando estuviesen monitorizadas las máquinas realizando un seguimiento de los parámetros medibles.

Cuando únicamente se realiza un mantenimiento correctivo, el término «mantenimiento» es sinónimo de «reparación». No quiere decir que no pueda existir este tipo de intervenciones; de hecho, el fin último de todo tipo de mantenimiento es reparar o sustituir componentes dañados, con la finalidad de alargar la vida útil de la máquina, y para ello son inevitables las intervenciones correctivas. Pero sí es un error centrar todas las actuaciones de mantenimiento en esta única finalidad. Ello solo presenta una ventaja: el coste de la inversión inicial prácticamente nulo; no obstante, tiene serios inconvenientes:

- Paradas inesperadas, normalmente suelen ocurrir cuando la producción debe ser mayor, es decir, en el peor momento.
- Estas paradas suelen ser catastróficas, ya que suelen producirse roturas importantes. A veces, por la pérdida de un rodamiento puede haber serias roturas en las transmisiones.
- Los costes de reparación de las mismas llegan a ser muy elevados.

- La necesidad de tener piezas de repuesto en almacén se incrementa ante la incertidumbre de que me puede fallar.
- Los riesgos de accidentes se incrementan.
- Se desconoce totalmente el estado de las máquinas.

Se tratan fallos crónicos como habituales sin descubrir el origen del problema; por ejemplo, si la válvula de seguridad en el vaso de expansión se deteriora prematuramente y se toma la rutina de sustituirlo, se está ocultando un posible problema de mal diseño o llenado del circuito, que puede ser la causa del daño prematuro de este componente.

Un paso más lo representa el mantenimiento preventivo o programado que se basa en la sustitución de componentes cuando se supone que se ha agotado la vida de los mismos. El estudio teórico de sus vidas lo suele suministrar el fabricante del equipo, quien normalmente incluye una gama de mantenimiento preventivo con indicación de sustitución de componentes y cambios en la lubricación.

Por otro lado, el mantenimiento preventivo presenta también una serie de inconvenientes:

- El principal radica en intervenir una máquina que está funcionando correctamente, simplemente porque tiene programada una revisión. Las máquinas adquieren con su funcionamiento un equilibrio que es difícil de restablecer una vez que se interviene en las mismas y con las actuaciones preventivas se está modificando constantemente este equilibrio de funcionamiento.
- Cuando se actúa sobre la máquina, se cambian componentes que normalmente están en buen estado y se desconoce el estado real de los mismos hasta que se desmontan.
- Se pueden cambiar componentes que han agotado su vida teórica y no ver otros que se encuentran en mal estado. No se tiene control sobre los daños ocultos. En cuanto a su coste, puede dispararse como consecuencia de las frecuentes intervenciones en las máquinas, muchas de ellas innecesarias.

Las actuaciones con mantenimiento predictivo pasan por unos inconvenientes iniciales de elevados costes de inversión en tecnología y formación, con una rentabilidad de la misma a medio y largo plazo. Pero las ventajas son evidentes:

- Se conoce el estado de los equipos en todo instante.
- Se eliminan prácticamente todas las averías.

- Solo se para o interviene en la máquina cuando realmente es necesario.
- Se conoce el daño en los componentes desde una fase inicial del mismo, permitiendo programar su sustitución en el momento más conveniente.
- Al intervenir en la máquina se conoce el problema, reduciendo el tiempo de la reparación.
- Se pueden identificar los fallos ocultos, así como la causa de fallos crónicos.
- Se reducen las piezas del almacén, las cuales se adquieren cuando se detecta el problema en su fase primaria.
- Se consiguen bonificaciones en los seguros.
- Se incrementa la seguridad de la planta.

No se va a profundizar en el análisis de los datos, se escapa de los objetivos marcados. Primeramente, la ejecución de estas técnicas están reservadas a especialistas, y, para el análisis de los datos, es necesario tener altos conocimientos de las técnicas, los procedimientos y la tecnología solar.

Lo que sí es importante tener claro son los factores principales a la hora de diseñar las operaciones:

- El número de equipos que se medirán en la instalación.
- El número de puntos que se medirán en los equipos y el número de medidas.
- La frecuencia y el tiempo total con la que se medirán los equipos.

Se van a describir las dos tecnologías más usadas de este tipo de mantenimiento en las instalaciones:

- El análisis de vibraciones

  De las distintas tecnologías aplicables al mantenimiento predictivo, quizás el análisis de vibraciones sea la más extendida. La razón se encuentra en la posibilidad de determinar una gran cantidad de defectos, en una amplia gama de máquinas con una inversión económica inicial razonable.

  Esta técnica del mantenimiento predictivo se basa en la detección de fallos en equipos con capacidad de rotar principalmente a través del estudio de los niveles de vibración. El objetivo final es obtener la representación del espectro de las vibraciones de un equipo en funcionamiento para su posterior análisis.

  La vibración es uno de los indicativos más claros del estado de una máquina.

Bajos niveles de vibración indican equipo en buen estado; cuando estos niveles se elevan es claro que algo comienza a estar mal.

Existen dos técnicas diferentes:

Medición de la amplitud de la vibración: da un valor global del desplazamiento o velocidad de la vibración. Cuando la vibración sobrepasa el valor preestablecido, el equipo debe ser revisado. Únicamente informa de que hay un problema en el equipo, sin poderse en determinar por esta técnica dónde está el problema.

Análisis del espectro de vibración: la vibración se descompone según su frecuencia. Analizando el nivel de vibración en cada una de las frecuencias se puede determinar la causa de la anomalía.

En este caso el equipo se compone de tres elementos:

— Ordenador PC, normalmente portátil, en el que se almacenan las señales Interface entre el sensor de vibración y el ordenador, o tarjeta de adquisición de datos.

— Elemento sensor, que es el captador de la vibración. Dentro de ellos, hay vibrómetros que miden niveles de vibración globales con poca capacidad de diagnóstico (solo indican si la vibración sube o baja, aunque vibrómetros de última generación son capaces de realizar análisis espectrales con ciertas limitaciones).

— *Software* de análisis, capaz de realizar la descomposición de las señales y su representación gráfica e, incluso, en algunos casos y en función de un sistema experto (que acumula la experiencia práctica del análisis de la compañía que lo desarrolla), es capaz de dar un primer diagnóstico del estado de la máquina, y colectores de datos portátiles con un *software* de diagnóstico y tratamiento de datos. Estos equipos son más elevados en precio, pero tienen una capacidad de análisis importante a la hora de discernir distintos tipos de problemas en máquinas.

La toma de datos de vibración en máquinas evoluciona hacia sistemas automatizados que reportan mayores beneficios que la adquisición de datos con colectores portátiles:

— Reducción drástica de los intervalos de toma de datos. Ya que estos se toman de forma continua.

— Menor coste de explotación. Al ser la toma de datos automática, se elimina el coste de la mano de obra por tomar los datos de vibración de la máquina.

— Mayor calidad en la toma de datos tomados. La exactitud en el punto de toma de datos es mayor, puesto que siempre se mide en el mismo sitio y con el mismo sensor y además se puede condicionar la toma de datos siempre que se den unas determinadas condiciones de operación (velocidad y carga dadas).

El análisis espectral de vibraciones consiste simplemente en realizar una transformación de una señal en el tiempo al dominio de la frecuencia, donde es posible identificar la vibración característica de cada uno de los componentes o defectos que pueden presentar los equipos.

- Termografía

  La termografía infrarroja se podría definir brevemente como una técnica que permite, a través de la radiación infrarroja que emiten los cuerpos, la medida superficial de temperatura.

  El instrumento que se usa en termografía para medir es la cámara de infrarrojos.

  Las inspecciones termográficas se basan en que todo equipo y/o elemento emite energía desde su superficie. Esta energía se emite en forma de ondas electromagnéticas que viajan a la velocidad de la luz a través del aire o por cualquier otro medio de conducción. La termografía infrarroja es la técnica de producir una imagen visible a partir de radiación infrarroja invisible para el ojo humano, emitida por objetos de acuerdo a su temperatura superficial.

  La termografía permite detectar, sin contacto físico con el elemento bajo análisis, cualquier falla que se manifieste en un cambio de la temperatura, midiendo los niveles de radiación dentro del espectro infrarrojo. En general, un fallo electromecánico antes de producirse se manifiesta generando e intercambiando calor. Este calor se traduce habitualmente en una elevación de temperatura que puede ser súbita, pero, por lo general y dependiendo del objeto, se presenta de forma gradual, manifestando pequeñas variaciones con el tiempo.

  Si es posible detectar, comparar y determinar dicha variación, entonces se pueden detectar fallos que comienzan a gestarse y que pueden producir en el futuro cercano o a mediano plazo una parada de planta y/o un siniestro afectando personas e instalaciones. Esto permite la reducción de los tiempos de parada al minimizar la probabilidad de paradas imprevistas, no programadas, gracias a su aporte en cuanto a la planificación de las reparaciones y del mantenimiento.

Entre las principales aplicaciones de la termografía se podrían citar:

— Medidas de espesores y detección de discontinuidades en productos aislantes térmicos y refractarios.

— Inspección de tubos y tuberías.

— Inspección en soldaduras.

— Posicionamiento de componentes y fallos en circuitos eléctricos.

— Aplicaciones en seguridad y defensa.

— Aplicaciones médicas.

— Aplicaciones de prevención y detección de incendios.

— Medición en tanques de almacenamiento.

— Control de calidad en procesos de producción.

De todas las aplicaciones las instalaciones eléctricas son candidatas naturales a la aplicación de la termografía infrarroja. Se podrán detectar puntos calientes en los termogramas realizados a las mismas. Las causas de estos puntos calientes pueden ser varias:

— Reflexiones.

— Radiación aportada por el sol.

— Carga.

— Variaciones de emisividad.

— Aumento de resistencia, ocasionado por:

  – Conexión floja.

  – Conexión con suciedad.

  – Conexión con corrosión.

  – Conexión con ajuste deteriorado.

  – Componente incorrecto.

  – Instalación incorrecta.

Será labor del técnico de termografía saber discernir, filtrar y evaluar los puntos calientes encontrados en los termogramas, buscando la causa y el origen de los mismos.

EJERCICIOS PROPUESTOS

5.1. Esquematizar las ventajas y desventajas de una base de datos.

5.2. ¿Es posible establecer una base de datos boolena con que contenga los estados «arriba», «abajo» y «centro»?

5.3. Se va a crear una base de datos con el siguiente orden jerárquico:

— Campos

— Tablas

— Registros

¿Es correcto?

5.4. Determinar qué tipo de base de datos utilizarías para crear una base de datos con las siguientes características:

— Gran volumen de datos.

— Estructurada en una red de internet externa al sistema.

— Que los archivos no tengan extensión .mdb.

5.5. ¿Cuál es el lenguaje más universal en los sistemas de bases de datos?

5.6. ¿Cuáles son las características básicas de una aplicación GMAO?

5.7. Determinar si las siguientes funciones son atribuibles a un GMAO:

— Generar planes de mantenimiento.

— Diseñar instalaciones.

— Crear históricos de bases de datos.

— Generar contratos de mantenimiento.

5.8. Se procede a ejecutar el proceso de compra de los materiales para acometer el mantenimiento de una instalación solar para viviendas. Se han seguido los siguientes pasos:

— Pedir tres ofertas.

— Elegir una oferta (lo ha decidido el director de compras).

— Se ha recibido el material, el responsable del mantenimiento ha firmado el albarán, lo ha codificado y almacenado.

¿Se ha obviado algún paso? ¿Cuál?

5.9. ¿Es el diálogo hombre-máquina un problema en la gestión del almacenamiento? ¿Y el material que ya no se usa si no se sabe qué hacer con él? ¿Por qué?

5.10. ¿Cuáles son las técnicas más utilizadas en mantenimiento predictivo?

5.11. ¿Cuál o cuáles son los parámetros físicos que mide una termografía de una tubería de cobre? ¿Y el de un análisis de vibraciones de una bomba?

5.12. Determinar los puntos medibles para detectar mediante una termografía futuros problemas en una instalación de aporte a proceso industrial a altas temperaturas.